Jargodzki / Potter

Wie man ein Sandkorn zum Mond rollt

Christopher P. Jargodzki
und Franklin Potter

Wie man ein Sandkorn zum Mond rollt

Physikalische Rätsel und Paradoxien

Aus dem Englischen
übersetzt von Michael Schmidt

Philipp Reclam jun. Stuttgart

Verlag und Übersetzer danken Herrn Dr. Herbert Scheingraber vom Max-Planck-Institut für extraterrestrische Physik in Garching für den fachwissenschaftlichen Rat bei der Erarbeitung der deutschen Ausgabe.

Originaltitel: Mad about modern Physics: Braintwisters, Paradoxes, and Curiosities
Originalverlag: John Wiley & Sons, Inc., Hoboken, New Jersey

Kapitel VI bis XI der Originalausgabe erscheinen in dieser deutschen Ausgabe

1. Auflage, 2007
Umschlaggestaltung: Simin Bazargani
unter Verwendung einer Illustration von Kai Pannen
Gesetzt aus Rotis Serif
Typografie und Satz: Barbara Gomon, Leipzig
Druck und Bindung: Ebner & Spiegel, Ulm
Printed in Germany
ISBN 978-3-15-020876-2

www.reclam.de

Für meine verstorbenen Eltern, die in meinen Entwicklungsjahren so viel für mich getan haben und nun in jene andere Welt gegangen sind.

F. P.

Für meine verstorbene Großmutter, Zofia Lesinska, die in mir die Vorstellung weckte, dass die sichtbare Welt ihre Existenz der unsichtbaren verdankt.

C. J.

Inhalt

Vorwort

Dieses Buch enthält 136 Rätsel und setzt dort ein, wo unser erstes Buch *Mad About Physics* aufhörte – bei der Physik des späten 19. und des frühen 20. Jahrhunderts. Das Michelson-Morley-Experiment von 1887, die schwierigen Fragen, die die Atomspektren und die Strahlung des schwarzen Körpers aufwarfen, die unerwartete Entdeckung der Röntgenstrahlen (1895), der Radioaktivität (1896) und des Elektrons (1897) – all dies durchlöcherte den Schutzschild aus Ad-hoc-Hypothesen, den die Wissenschaftler des 19. Jahrhunderts so mühsam um die mechanistische Physik errichtet hatten. Auf einmal nahm man so viele Anomalien und Paradoxa wahr, dass man schließlich nicht mehr umhinkam, die Grundlagen der Physik radikal zu überdenken. Ihren Höhepunkt erreichte diese neue Physik in der Relativitätstheorie und der Quantenmechanik. Sehr rasch kam es zu zahlreichen Anwendungen dieser neuen und merkwürdigen Konzepte, als die Atom- und Kernphysik zur Entwicklung von Technologien im Kleinen wie im Großen führte – vom Halbleiter bis zur Kernenergie. Vor diesem Hintergrund haben wir eine ganz neue Sammlung von Rätseln und Aufgaben entwickelt, die den Scharfsinn unserer wissenschaftlich interessierten und gebildeten Leser auf die Probe stellen sollen.

In diesem Band widmen wir uns vor allem den praktischen Anwendungen der Mikrophysik – wir untersuchen einige Eigenschaften exotischer Fluide, ungewöhnliche Motoren, die durch Luft oder durch Zufallsbewegungen angetrieben werden, sowie die thermischen, elektrischen und photoelektrischen Eigenschaften von Materialien, indem wir uns auf eine aufregende Reise in die Welt der Atome begeben. Zu den besonders schwierigen wie reizvollen Aufgaben in dieser Mikrowelt zählen Fragen wie: Was geschah mit Schrödingers Katze? Kann eine Tasse Kaffee der ultimative Quantencomputer sein? Warum ist ein Bose-Einstein-Kondensat ein neuer Zustand der Materie? Wieso ist die quantenmechanische kohärente Streuung so wichtig bei der Entwicklung neuer Detektoren für Neutrinos und Gravitationswellen? Wenn wir den Atomkern erreichen, stellen sich uns Fragen nach der Genauigkeit der Radiokarbonmethode, der Ursache für den Neutronenzerfall und der Menge der menschlichen Radioaktivität. Schließlich führt uns unsere Reise aus der Welt der Atome in die Weiten des Kosmos – wir denken über Olbers' Paradox nach, warum der Nachthimmel dunkel und nicht strahlend hell ist, und wir wollen wissen, wie Gravitationslinsen funktionieren und wie groß die Gesamtenergie im Universum sein könnte. Unser Buch schließt mit einem Potpourri von Aufgaben aus allen Kategorien – von der Ermittlung der Fahrtrichtung anhand von Fahrradspuren im Morast bis hin zur Untersuchung einer mechanischen Erfindung, eines »Weltraumkrabblers«, der den Gesetzen der Physik Hohn zu sprechen scheint.

Die Schwierigkeit der Rätsel reicht von einfachen Fragen (z. B. »Wird eine alte mechanische Uhr schneller oder langsamer laufen, wenn man sie auf einen Berg mitnimmt?«) bis hin zu raffinierten Problemen, die eine gründlichere Analyse erfordern (z. B. »Ist die Bragg-Streuung von Röntgenstrahlen aus einem idealen Kristall ein kohärenter Streuungsprozess?«). Kein Wunder, dass die Lösungen im zweiten Teil des Buches umfangreicher als die Rätsel selbst sind.

Schon diese wenigen Beispiele zeigen, dass die meisten Rätsel ein überraschendes Element enthalten. Tatsächlich wird man feststellen, dass die Mutmaßungen des gesunden Menschenverstands oft unvereinbar sind mit der exakten Logik der Physik. Einstein hat den gesunden Menschenverstand einmal als die Sammlung von Vorurteilen charakterisiert, die man bis zum achtzehnten Lebensjahr erworben hat, und wir geben ihm recht: Zumindest in der Wissenschaft muss der gesunde Menschenverstand korrigiert und oft überwunden statt bewundert werden. Viele Aufgaben wollen bewusst vorgefasste Meinungen im Hinblick auf die Physik in Frage stellen, indem sie mit Hilfe von Paradoxa (nach griechisch *para* und *doxa*, »gegen die Meinung«) eine kognitive Störung erzeugen. Paradoxa sind nämlich keineswegs bloß unterhaltsam, sondern sprechen auf einzigartige Weise spezifische Verständnisdefizite an. Bei der Beschäftigung mit derartigen Paradoxa wird gewöhnlich der Widerspruch zwischen Bauchgefühl und physikalischer Logik für manche Menschen so unangenehm sein, dass sie ihn unbedingt überwinden wollen, selbst wenn dies bedeutet, dass sie dabei ein wenig Physik lernen müssen.

Für den Philosophen Ludwig Wittgenstein war das Paradox der Inbegriff der »Beunruhigung«, und wie wir wissen, gehen diese Beunruhigungen oft einer Revolution des Denkens über die Welt der Natur voraus. Die der Intuition widersprechenden Umwälzungen, die im 20. Jahrhundert aus der Relativitätstheorie und der Quantenmechanik resultierten, verstärkten nur den Ruf des Paradoxes, Mittler für Veränderungen in unserem Verständnis der physikalischen Wirklichkeit zu sein.

Solche Beunruhigungen und nicht so sehr unerklärte experimentelle Fakten, so Gerald Holton in seinem Buch

Thematische Analyse der Wissenschaft, veranlassten Einstein, die Grundlagen der Physik in seinen drei Aufsätzen von 1905 zu überdenken. Jeder beginnt mit der Feststellung formaler Asymmetrien, die vorwiegend ästhetischer Natur sind, und stellt dann ein allgemeines, nicht direkt von der Erfahrung ableitbares Postulat auf, das diese Asymmetrien beseitigt. So heißt es beispielsweise in dem Aufsatz, der die Grundlagen der Quantentheorie des Lichts geschaffen hat, eine formale Asymmetrie existiere zwischen der diskontinuierlichen Natur von Teilchen und den kontinuierlichen Funktionen, mit denen man die elektromagnetische Strahlung beschreibt. Dazu Holton: »Die Darstellung des photoelektrischen Effekts, in der man meist die eigentliche Leistung dieses Aufsatzes sieht, erfolgt erst am Ende, auf etwas mehr als zwei Seiten von insgesamt sechzehn.« Diese Methode hat Einstein in *Physik und Realität* (1936) bestätigt, wenn er sagt: »Man sieht hier besonders deutlich, wie sehr jene Erkenntnistheoretiker irren, welche glauben, dass die Theorie auf induktivem Wege aus der Erfahrung hervorgehe.« Und in dem gemeinsam mit dem polnischen Physiker Leopold Infeld verfassten Buch *Die Evolution der Physik* (1938) heißt es: »Physikalische Begriffe sind freie Schöpfungen des Geistes und ergeben sich nicht etwa, wie man sehr leicht zu glauben geneigt ist, zwangsläufig aus den Verhältnissen in der Außenwelt.«
Übrigens ist auch der Begriff »Quantenmechanik« eigentlich falsch: Quantensysteme bestehen eben gerade nicht aus getrennten Bausteinen. Im Heliumatom beispielsweise haben wir nicht ein Elektron A und ein Elektron B, sondern schlicht ein Muster aus zwei Elektronen, in dem jede getrennte Identität verloren gegangen ist. Zu dieser unteilbaren Einheit der Quantenwelt gibt es eine Parallele in

einer anderen Art von Einheit – der zwischen Subjekt und Objekt. Ist Licht eine Welle oder ein Teilchen? Die Antwort scheint von der experimentellen Anordnung abzuhängen. Beim Doppelspalt-Experiment ergeben die Beobachtungen von Licht Merkmale der Box und dessen Spalte wie des Lichts selbst. Ist die Wirklichkeit somit vom Beobachter abhängig? Und würde dies dann Einsteins Beharren auf der Kraft des reinen Denkens bei der Konstruktion der physikalischen Wirklichkeit rechtfertigen? Die moderne Physik scheint sich besonders hervorzutun, derartige Beunruhigungen zu erzeugen.

Liebe Leserin, lieber Leser,

diese Rätsel sollen Spaß machen. Dabei ist es nicht so wichtig, wie viele Rätsel Sie lösen – entscheidend ist, ob es Ihnen Freude bereitet, über sie nachzudenken. Einige Probleme sind sogar für Physiker, die in der Forschung tätig sind, eine echte Herausforderung, andere wurden in Forschungsbeiträgen formuliert, die erst in jüngster Zeit in Fachzeitschriften erschienen sind, sodass diese Themen vielleicht noch vor zehn Jahren in der Physik unbekannt waren! Es dürfte wohl kaum einen Leser geben, der für alle Rätsel eine detaillierte Lösung liefern könnte. Ja, manchmal werden Sie sogar ein wenig nachdenken müssen, um die Antwort überhaupt zu verstehen. Hätten wir alle Lösungsschritte angegeben, wäre dieses Buch doppelt so umfangreich geworden. Wir möchten uns dafür nicht entschuldigen, sondern versuchen, die entscheidenden Schritte darzustellen, damit jede Antwort in sich vollständig ist. Wenn Sie die Rätsel verblüffend und faszinierend finden, haben wir unser Ziel erreicht.
Dieses Buch ist ein Gewinn für jeden Leser, der irgendwie schon einmal in die Anfangsgründe der Physik eingeführt wurde und mehr über ihre Anwendung auf reale Phänomene erfahren möchte. Die meisten Rätsel sind ihrem Charakter nach nicht mathematisch und erfordern nur eine qualitative Anwendung fundamentaler physikalischer Prinzipien. Viele physikalische Begriffe werden direkt oder indirekt in verschiedenen Passagen definiert, und diese Definitionen lassen sich mit Hilfe des Glossars ausfindig machen. Einige Fachbegriffe haben wir in einem kleinen Glossar erläutert. Aber selbst wenn Sie mit dem Thema vertraut sind, werden Sie rasch erkennen, dass es

keineswegs einfach ist, die Physik auf die wirkliche Welt anzuwenden.
Für alle Fehler sind allein die Autoren verantwortlich, und daher wären wir Ihnen für entsprechende Hinweise per E-Mail an Franklin Potter dankbar
(siehe www.sciencegems.com).

I Photonenmaschinen und andere Erfindungen

Die technische Physik ist eigentlich angewandte Physik, aber mit einer allgemeineren Perspektive, da sie auch soziale, politische, finanzielle und ästhetische Fragen berücksichtigt, die oft über die unmittelbaren Interessen des Wissenschaftlers hinausgehen, der angewandte Physik betreibt. Hinzu gesellt sich auch die Fähigkeit, das Verhalten von Atomen und ihren Komponenten in Feststoffen und Flüssigkeiten auf der mikroskopischen Ebene zu verstehen, und diesem Wissen verdanken wir all die technisch hochwertigen Materialien und Geräte um uns herum. Tatsächlich leben wir in einem Zeitalter der genialen Apparate und Designermaterialien. Die Aufgaben und Rätsel in diesem Kapitel befassen sich mit einem sehr kleinen Ausschnitt aus dem reichhaltigen Arsenal dieser technischen Errungenschaften.

1. Luftmotor für Autos

Lässt sich ein normaler Vier-Zylinder-Motor statt mit Benzin auch mit Luft antreiben?

2. Münzen werfen

Das Verhalten vieler Systeme und Materialien kann man besser verstehen, wenn man die Irrfahrt der Teilchen im System betrachtet. Damit Sie sich etwas unter dem stochastischen Begriff »Irrfahrt« vorstellen können, machen Sie das folgende Experiment. Teilen Sie eine Gruppe Menschen in zwei Gruppen auf. Lassen Sie jeden Einzelnen in der einen Gruppe eine Münze 256mal werfen und das Ergebnis jedes Wurfs aufschreiben. Jeder Einzelne in der anderen Gruppe soll aufschreiben, wie er sich eine typische Abfolge von 256 Zufallswürfen vorstellt, ohne dass er aber selbst die Münze wirft. Sammeln Sie alle Blätter ein und mischen Sie sie gründlich. Können Sie einigermaßen genau feststellen, welche Datensätze auf experimentellem Weg entstanden sind? Wie genau sollte Ihre Auswahl sein?

3. Weitere Münzwürfe

Nehmen wir an, wir werfen eine Münze 1000-mal, und jedes Mal, wenn Kopf kommt, gehen wir in radialer Richtung von einem Laternenpfahl einen Schritt weg, und wenn Zahl kommt, gehen wir einen Schritt zur Laterne zurück. Wie viele Male etwa werden Sie Ihrer Meinung nach am Laternenpfahl sein?

4. Die Brown'sche Maschine

In seinen berühmten Vorlesungen erörterte der Physiker Richard Feynman die Unmöglichkeit, mit einem Sägezahnpotenzial gegen den zweiten Hauptsatz der Thermodynamik zu verstoßen. Das einfachste Modell für eine Ratsche ist ein überkritisch gedämpftes Brown'sches Teilchen in einem asymmetrischen, aber räumlich periodischen Potenzial (mit Asymmetrie und der Periode *L*). Aufgrund der von den schiebenden Molekülen des umgebenden Fluids (einer Flüssigkeit oder eines Gases) erzeugten fluktuierenden Kraft kann das Brown'sche Teilchen die Potenzialbarriere überwinden und sich nach links oder rechts bewegen. Die Wahrscheinlichkeiten für beide Richtungen sind gleich groß, und im Durchschnitt bewegt sich das Teilchen nicht. Daher ist es unmöglich, eine Maschine zu bauen, die Wärmeenergie in mechanische Arbeit aus einem einzigen Wärmebad umwandelt.

Aber die Ratsche lässt sich in eine so genannte Brown'sche Maschine umwandeln, die gegen den zweiten Hauptsatz der Thermodynamik zu verstoßen scheint. Das Prinzip be-

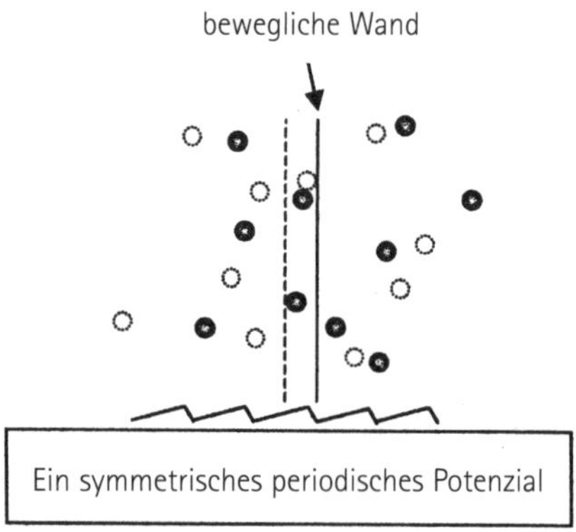

steht darin, das Sägezahnpotenzial periodisch an- und abzuschalten. Unter gewissen Umständen kann diese Aktion eine gerichtete Bewegung sogar gegen eine angewandte Kraft *f* ergeben. Dieser Apparat funktioniert tatsächlich. Denken Sie daran, dass ein Perpetuum mobile der ersten Art gegen das Gesetz der Erhaltung der Energie verstößt, während ein Perpetuum mobile der zweiten Art die »freie« Energie um uns herum in Form von Wärme – das heißt, die zufällige thermale Bewegung von Molekülen und Atomen – nutzt, um einen Motor ohne Treibstoff anzutreiben. Warum ist eine Brown'sche Maschine kein Perpetuum mobile der zweiten Art?

5. Magnetwärmemotor

Ein Ferrofluid ist eine Flüssigkeit, die kleine magnetische Teilchen enthält, welche auf ein angelegtes Magnetfeld reagieren, sodass das Ferrofluid in Gegenwart des Magneten magnetisiert wird. Die Zeichnung zeigt eine geschlossene Röhrenschleife mit dem Ferrofluid, eine Wärmequelle, einen starken Magneten und einen Kühlkörper, die zusammen als Motor fungieren, der das Ferrofluid um die geschlossene Schleife transportiert. Sein Wärmewirkungs

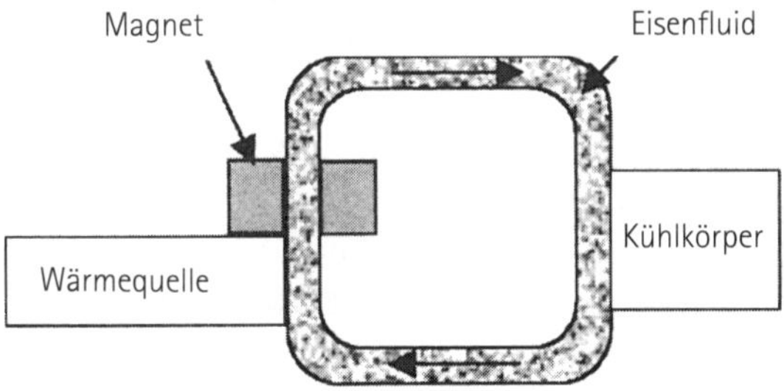

grad entspricht annähernd dem Wirkungsgrad eines Carnot-Kreisprozesses – es müsste also eine entsprechende Nachfrage nach diesem Apparat geben. Wie hält dieser Motor eigentlich die Fluidbewegung um die Schleife in Gang? Kann ein Solarwärmesystem auf diese Weise operieren?

6. Magnetorheologische Flüssigkeit

In einem Becherglas befinden sich 250 Milliliter Maiskeimöl, zu dem rund 0,5 Kilogramm etwa 1 Millimeter lange Eisenfeilspäne gegeben werden. Die Mischung wird gründlich verrührt, und dann wird ein starker Hufeisenmagnet über das Becherglas gestülpt. Die Eisenfeilspäne richten sich, wie erwartet, nach dem Magnetfeld aus und magnetisieren das Flüssigkeitsgemisch. Welche andere physikalische Eigenschaft der Flüssigkeit verändert sich noch?

7. Binäre Flüssigkeiten

Die zwei möglichen Phasendiagramme stellen die beiden Phasen dar, in denen eine binäre Flüssigkeit (ein Gemisch aus zwei Flüssigkeitsarten) mischbar bzw. nicht mischbar ist, wobei die senkrechte Achse die Temperatur und die waagrechte Achse die Konzentration anzeigt. So sind zum Beispiel Kaffee und Sahne bei Zimmertemperatur mischbar, Öl und Wasser aber nicht.
Sehen wir uns einmal die 50-prozentige Mischung in jedem Phasendiagramm an und beginnen wir bei einer hohen Temperatur in der Mischphase. Aus dem linken Diagramm geht hervor, dass sich die beiden Flüssigkeiten

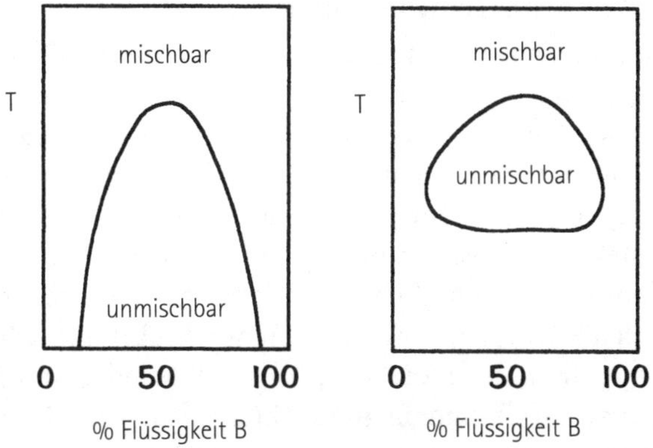

nicht mischen lassen, wenn sie abgekühlt werden, während uns das rechte Diagramm verrät, dass die Flüssigkeiten sich zwar nicht mischen lassen, wenn sie abgekühlt werden, dass aber ein weiteres Abkühlen wieder zur Mischphase zurückführt. Können beide Phasendiagramme eine echte binäre Flüssigkeit darstellen, oder ist eins davon falsch?

8. Altes Glas

In alten Schlössern und Häusern gibt es alte Glasfenster, bei denen die Scheiben unten etwas dicker als oben sind. Nennen Sie einige mögliche Ursachen dafür. Welches ist die wahrscheinlichste Ursache?

9. Ferromagnetismus

Warum sind so wenige Stoffe ferromagnetisch, während praktisch alle Materialien ein paramagnetisches Verhalten aufweisen?

10. Gekoppelte Schwungräder

Der Erhaltungssatz für den Drehimpuls ist zwar hilfreich, aber nicht immer ausreichend, wenn man das Verhalten rotierender Apparate verstehen will. Die Zeichnung zeigt zwei Schwungräder, 1 und 2, mit den Trägheitsmomenten I_1 und I_2, die zusammen mit Riemenscheiben mit dem Durchmesser D_1 bzw. D_2 auf parallelen horizontalen Achsen montiert sind. Der Riemen hängt zunächst durch, und die beiden Schwungräder laufen mit der Winkelgeschwindigkeit ω_1 bzw. ω_2. Plötzlich wird der Riemen gestrafft. Wenn man die Drehmomentgleichungen und die Drehimpulsgleichung notiert, erhält man: $I_1\omega_1 + I_2\omega_2 = k - (N-1)I_1\omega_1$. Dabei ist k eine Integrationskonstante und $N = D_2/D_1$, das Verhältnis der Riemenscheibendurchmesser. Wenn $N = 1$, wird der Drehimpuls erhalten. Wenn $N \neq 1$ und ω_1 sich ändert, wird der Drehimpuls nicht erhalten! Warum nicht?

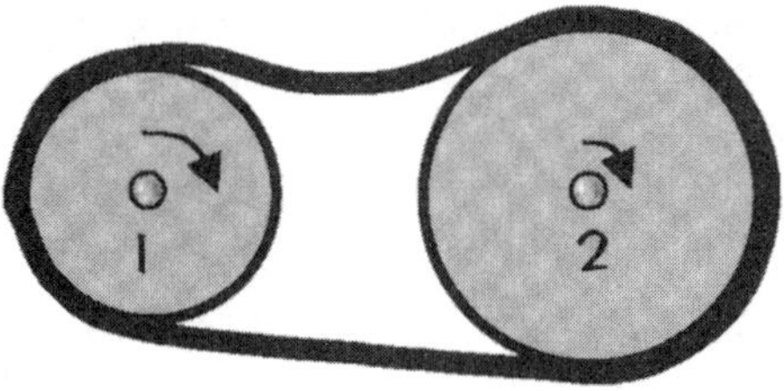

11. Schwebender Supraleiter

Bei einer seit den späten Achtzigerjahren des vorigen Jahrhunderts beliebten Physikdemonstration wird ein kleines Stück eines Hochtemperatur-Supraleiters, etwa Yttrium-Barium-Kuprat ($YBa_3Cu_3O_7$), über einem starken Dauermagneten zum Schweben gebracht. Die »Levitation« ist deutlich sichtbar, und der schwebende rechteckige supraleitfähige Festkörper dreht sich rasch um seine Längsachse. Zunächst wird der Supraleiter in flüssigem Stickstoff gekühlt und dann mit einer Zange über dem Dauermagneten platziert. Die Abstoßungskraft zwischen dem Magneten und dem Supraleiter veranschaulicht den Meißner-Ochsenfeld-Effekt (Verdrängung des Magnetfelds aus dem Inneren eines Supraleiters). Oder nicht?

12. Nanophasen-Kupfer

Die Härte und Stärke eines Metalls misst man, indem man untersucht, wie es verformt wird, wenn eine Kraft auf es einwirkt. Ein Metall wird verformt, wenn seine atomaren Kristallebenen übereinander gleiten. Man könnte dies mit der Erhebung in einem Teppich vergleichen, die sich über den Fußboden schieben lässt. Mit anderen Worten: Eine Versetzung in einer Ebene von Atomen wird so lange bewegt, bis eine Barriere erreicht wird, etwa eine Korngrenze, wo die Körner in Mikrongröße unterschiedlich ausgerichtet sind.

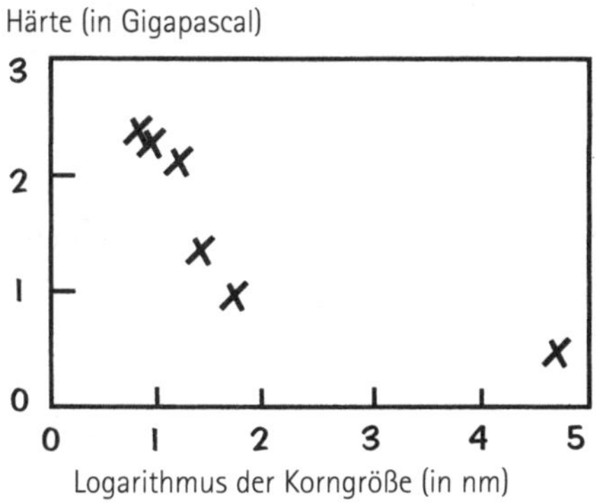

Eine interessante Weiterentwicklung in der Metalltechnologie stellt die Möglichkeit dar, Atomcluster in Nanometergröße zu bilden, in denen der Korndurchmesser weniger als 100 Nanometer beträgt, statt dass man die mikrongroßen Körner in einem typischen Metall verwendet. Das Diagramm zeigt die Härte im Verhältnis zur Korngröße an.
Bei Korngrößen von durchschnittlich 10 Nanometer ist die Härte von Nanophasenkupfer mehr als drei Mal so groß wie die Härte von normalem Kupfer. Warum?

13. Stecknadelkopf

Welche kleinste Ladungsmenge kann auf einem Stecknadelkopf sitzen? Manche Menschen meinen, die kleinste nicht verschwindende Ladungsmenge müsste +e oder -e betragen, wobei e die Grundeinheit der elektrischen Ladung ist. Was meinen Sie?

14. Die Coulomb-Blockade

Der Tunnelkontakt ist eine aus Leiter, Isolator und Leiter bestehende Vorrichtung. Nehmen wir an, ein sehr kleiner Tunnelkontakt wird bei sehr niedrigen Temperaturen betrieben, sodass Wärmeschwankungen nicht zum Elektronentunneln durch den Übergang beitragen. Nun verbinden wir den Tunnelkontakt mit einer Quelle konstanter elektrischer Ladung. Wird der Strom durch den Übergang stetig fließen?

15. Deterministischer Wettlauf

Stellen wir uns ein vereinfachtes System vor, das sich durch N_t Objekte zur Zeit t beschreiben lässt, zum Beispiel die Anzahl von Heuschrecken auf den Savannen von Afrika oder auf einer kleinen Landparzelle. Dabei komme es zu einem Wettlauf zwischen den Wachstumsprozessen und den Zerfallsprozessen, sodass die Anzahl der Objekte zur Zeit $t + 1$ gleich $N_{t+1} = N_t \exp[r(1-N_t)]$ ist, also eine exponentielle Wachstumsbeziehung darstellt. Diese Gleichung ist deterministisch, denn N_t bestimmt eindeutig N_{t+1}. r kann man sich als ein Maß des Verhältnisses zwischen Wachstum und Zerfall vorstellen. Nach diesem Beziehungsmodell lassen sich zahlreiche mechanische, hydrodynamische, chemische und elektrische Systeme annähernd darstellen.

Wie verhält sich die Anzahl der Objekte, während die Zeit vergeht? Wenn $N_t = 1$, dann bleibt N für immer 1. Im allgemeinen Fall können wir N_t als $t \to \infty$ bestimmen, um herauszufinden, ob sich N dem Gleichgewichtswert 1 annähert. Zum Beispiel sei $r = 1$ und zunächst $N_0 = 0{,}5$, und dann berechnen wir das Verhalten am Computer. Versuchen wir es nun mit anderen Werten für r. Welches Verhalten sagen Sie voraus?

16. Zwei identische chaotische Systeme

Ein chaotisches System weist eine empfindliche Abhängigkeit von den Anfangsbedingungen auf und wird sich rasch und deterministisch zu anderen Endzuständen entwickeln, wenn es sich zunächst in etwas anderen Anfangszuständen befunden hat. Das Chaos ist zwar unvorhersagbar, doch jedes mögliche Ergeb-

nis ist deterministisch – das heißt, ein geordnetes Verhalten.
Betrachten wir einmal zwei identische chaotische Systeme, die voneinander isoliert sind. Sie werden rasch aus dem Takt geraten, weil sich jeder noch so geringfügige Unterschied zwischen den Systemen mit der Zeit beliebig vergrößert. Nehmen wir an, diese Systeme haben mehrere Teile und mindestens einer der Teile ist stabil – das heißt, bei einer Störung ändert sich das Verhalten dieses Teils zwar ein wenig, doch dann kehrt er zu seinem normalen Verhalten zurück. Nun treiben wir beide Systeme mit dem gleichen chaotischen Signal an, das auf den gleichen stabilen Teil angewandt wird. Lassen sich die beiden Systeme synchronisieren?

17. Tilleys Stromkreis

Dieser Stromkreis neben dem Permanentmagneten enthält zwei ideale Schalter und ein Galvanometer. Wenn Schalter A geschlossen und Schalter B, rechts daneben, geöffnet wird, weist der Magnetfluss im Galvanometerstromkreis eine große Veränderung auf. Wie wird das Galvanometer Ihrer Meinung nach reagieren?

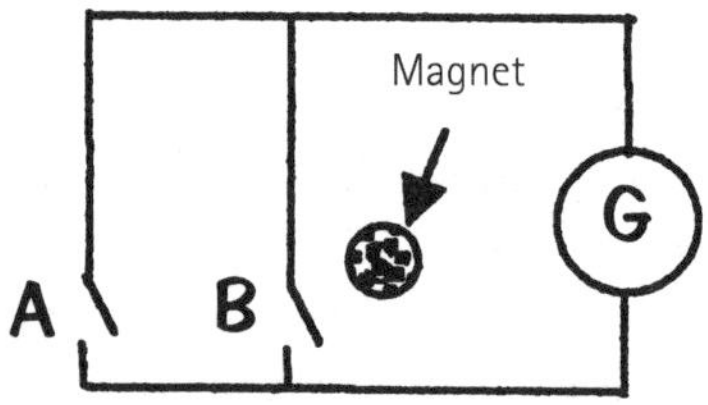

18. Wärmeenergiefluss

Wenn zwei identische Körper mit unterschiedlichen Temperaturen miteinander in Kontakt sind, wird stets Wärmeenergie vom einen zum anderen fließen, und zwar in der Richtung, in der die Gesamtentropie zunimmt. Diese Richtung hängt von zwei Faktoren ab, nämlich von der Energiemenge und von der Entropiemenge, die die zwei Körper bereits enthalten. Nach dem zweiten Hauptsatz der Thermodynamik muss die Wärmeenergie zum Bereich der geringeren Temperatur fließen – das heißt, in jeder Wärmeenergieeinheit nimmt die Unordnung zu, wenn sie sich in den kühleren Bereich bewegt. Warum?

19. Cadmiumselenid

Wenn Atome in Nanometerclustern mit Durchmessern von weniger als 100 Nanometer bis zu 700 Nanometer angeordnet werden, kann man interessante optische Eigenschaften demonstrieren. So lassen sich zum Beispiel Nanophasenversionen von reinem Cadmiumselenid in fast jeder Spektralfarbe herstellen, indem man einfach ihre Clustergröße verändert. Tatsächlich gibt es manche Arten von Lippenstiften in vielen unterschiedlichen Farben, obwohl das vorherrschende Licht streuende Molekül in allen Farbversionen das gleiche ist. Wie ist das physikalisch möglich?

20. Optische Solitonen

Ein Lichtpuls ist ein Kontinuum von optischen Wellen mit unterschiedlichen Frequenzen. Optische Medien sind dispersiv (durch die Dispersion des Mediums läuft der Lichtimpuls räumlich auseinander), sodass sich diese Wellen im Lichtpuls mit unterschiedlichen Geschwindigkeiten fortpflanzen und sich damit die Energie zeitlich und räumlich ausbreitet. Außerdem tritt der optische Kerr-Effekt auf, bei dem sich der Brechungsindex ultraschnell und proportional zur Lichtintensität ändert. Kann man diese beiden Effekte – die Dispersion und den Kerr-Effekt – nutzen, damit ein Lichtpuls seine Integrität bewahrt, während er sich über tausende von Kilometern hinweg durch eine Lichtleitfaser fortpflanzt?

21. Die Lichtreaktion von Keramik

Bestimmte keramische Materialien ändern ihre Form, wenn sie Licht ausgesetzt werden. Wie ist das physikalisch zu erklären?

22. Zufallsbewegungen

Angeblich haben Forscher herausgefunden, dass sich mit Hilfe von Zufallsbewegungen zum Beispiel erklären lässt, wie ein Seiltänzer oben auf seinem Drahtseil bleibt. Wenn wir es richtig verstehen, könnten Roboteringenieure ihre Maschinen stabiler machen, indem sie in ihre Systeme ein wenig Störrauschen einfügen. Und Menschen mit Gehschwierigkeiten könnte mit Schuhsohlen geholfen werden, die nach dem Zufallsprinzip vibrieren. Wie ließe sich das physikalisch erklären?

23. Die Zwillingsschwestern und die Schwerkraft

Die technische Physik befasst sich mit dem Transport von Menschen und Materialien ins Weltall ebenso wie mit praktischen Anwendungen auf unserer Erde. Stellen wir uns also einmal zwei Zwillingsschwestern im freien Fall vor: Die eine befindet sich auf einer kreisförmigen Umlaufbahn um einen Stern, die andere wird aus dieser kreisförmigen Umlaufbahn auf eine radiale Bahn katapultiert – das heißt, sie wird wieder zurückfallen, um mit ihrer auf der kreisförmigen Umlaufbahn verbliebenen Schwester zusammenzukommen. Der Einfachheit halber soll dieses Zusammentreffen erfolgen, nachdem die zurückbleibende Schwester auf ihrer Umlaufbahn eine ganzzahlige Reihe von Umdrehungen absolviert hat.

Jedes bewegte Uhrensystem in einem Schwerefeld, wie die Uhren im GPS-System hier auf der Erde, unterliegt zwei relativistischen Effekten auf die Taktrate: 1. geht eine Uhr langsamer, wenn sie sich in der Nähe eines massereichen Objekts befindet, als wenn sie weit davon entfernt ist, und 2. geht die sich schneller bewegende Uhr langsamer als die sich langsamer bewegende Uhr. Zunächst sind die Taktraten der Uhren der Zwillingsschwestern gleich, weil sie beide in derselben kreisförmigen Umlaufbahn in derselben radialen Entfernung vom Stern starten. Die hinwegkatapultierte Schwester bewegt sich auf der radialen Linie weg vom Stern, wobei sie ständig langsamer wird, schließlich momentan stoppt und dann mit zunehmender Geschwindigkeit zurückkehrt, bis sie wieder mit ihrer Schwester in der Umlaufbahn zusammenkommt. Im Durchschnitt also erfährt die wegfliegende Schwester eine geringere Gravitations-Zeitdilatation und eine geringere Geschwindigkeits-Zeitdilatation als ihre auf der Umlaufbahn verbliebene Schwester. Daher kehrt sie *älter* als ihre Schwester zurück, weil ihre Uhr im Durchschnitt schneller geht. Was meinen Sie?

24. Die Photonenmaschine

Die ideale Carnot-Wärmekraftmaschine wandelt Wärme in Arbeit um, ohne dass die Maschine selbst Arbeit leistet. Der geschlossene reversible Carnot-Kreisprozess besteht aus zwei isothermen Prozessen (mit konstanter Temperatur) und aus zwei adiabatischen Prozessen (ohne äußeren Austausch von Wärmeenergie). Keine Wärmekraftmaschine, die zwischen zwei Temperaturen operiert, kann einen größeren Wirkungsgrad als ein Carnot-Kreisprozess haben.

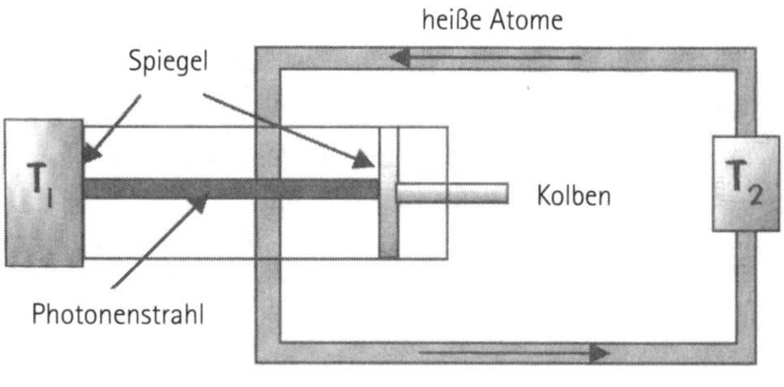

Stellen wir uns nun vor, es gäbe eine neue »Quanten-Carnot-Maschine«, in der der Strahlungsdruck von Photonen einen Kolben in einem optischen Resonator antreibt. Die nach innen zeigende Oberfläche des Kolbens ist verspiegelt, der andere Resonatorspiegel fixiert, während die Wärmeenergie mit einem Kühlkörper mit der Temperatur

T_1 ausgetauscht wird. Ein zweiter Wärmebehälter mit der höheren Temperatur T_2 stellt die Wärmeenergiequelle für die Photonen dar.

Diese Wärmeenergiequelle ist ein Strom heißer Atome, der in den optischen Resonator fließt und Wärmeenergie mit den Photonen durch Emissions- und Absorptionsprozesse austauscht. Diese Atome verlassen den Resonator bei einer kühleren Temperatur und werden in einem zweiten Resonator wieder auf T_2 erhitzt, um dann erneut in den ersten Resonator für den nächsten Zyklus der Quanten-Carnot-Maschine eingespeist zu werden.

Somit operieren die klassische Carnot-Maschine und die Quanten-Carnot-Maschine auf die gleiche Weise, nämlich als geschlossener Zyklus zweier isothermer und zweier adiabatischer Prozesse. Doch in ihrer einfachsten Form, wenn jedes Wärmebadatom als ein System mit zwei Zuständen behandelt wird, kann die Quanten-Carnot-Maschine aus einem einzigen Wärmebad keine Arbeit herausholen. Warum nicht? Wird die Maschine funktionieren, wenn jedes Wärmebadatom ein System mit drei Zuständen ist?

II Die wunderbare Welt des Molekulardesigns

Die Atomphysik begann in den Vierzigerjahren des 19. Jahrhunderts mit der Entdeckung der Emissionslinien von Wasserstoff und von anderen Atomen und Ionen in Laborquellen und im Sonnenspektrum. Zu Beginn des 20. Jahrhunderts stellte das Atommodell von Bohr und Sommerfeld das neue Paradigma dar, aber die zahlreichen Probleme, die mit seinen Vorhersagen verbunden waren, wurden schließlich erst mit dem Aufkommen der Quantenmechanik im Jahr 1925 gelöst. Das Elektron im Atom nimmt bestimmte quantisierte Energiezustände von ungleicher Energiedichte an, und auf der Erhaltung von Energie und Drehimpuls basierende Auswahlregeln schreiben vor, welche Sprünge zwischen einzelnen Zuständen zu einem verfügbaren Endzustand zulässig sind. Zusätzlich zu einem spontanen Elektronensprung auf eine niedrigere Energieebene, bei dem ein Photon emittiert wird, können externe Photonen mit der richtigen Energie die Absorption oder Emission von Photonen im Atom anregen. Die Anwendung der Quantenmechanik auf einfache Moleküle erwies sich schließlich als sehr erfolgreich, und heute berechnen schnellere Computer die Eigenschaften von Atomen, anorganischen und organischen Molekülen und sehr großen Biomolekülen wie der DNA und der Proteine. Enorme Fortschritte macht auch das Verstehen der grundlegenden Eigenschaften der kondensierten Materie von Flüssigkeiten und Feststoffen wie Kristallen, mit Ionen dotierten Materialien, Kunststoffen, Pseudokristallen und so weiter. Unser Leben wird immer abhängiger von den praktischen Anwendungen und Geräten, die sich dem so genannten Molekulardesign verdanken. Die Aufgaben in diesem Kapitel sind nur ein kleiner Ausschnitt aus der großen Vielfalt möglicher Probleme.

25. Nur ein Sandkorn

Würde man die Atome in einem Sandkorn auf einer Linie aneinanderreihen, wie lang wäre diese Linie dann etwa?

26. Echt oder gefälscht?

Früher wurde die Echtheit von Gemälden mit einiger Sicherheit von Experten bestätigt, die Pinselstrich und Farbwahl des Künstlers sowie seinen Gesamtstil und den Charakter seiner Themen kannten. Allerdings wurden in manchen Fällen gefälschte Kunstwerke für echt gehalten. Daher besteht immer ein Bedarf an neuen Techniken zur Bestimmung von allen möglichen Kunstwerken, und die Wissenschaft stellt sie zur Verfügung. So lässt sich beispielsweise die Echtheit alter Gemälde mit Hilfe von Laserlicht überprüfen. Wie könnte dies gelingen?

27. Aufhebung des Doppler-Effekts?

Wenn ein Atom ein Photon emittiert oder absorbiert, kommt es stets zu einem Rückstoß des Atoms und damit einer Doppler-Verschiebung in der Photonenfrequenz. Ist eine rückstoßfreie atomare Emission oder Absorption möglich?

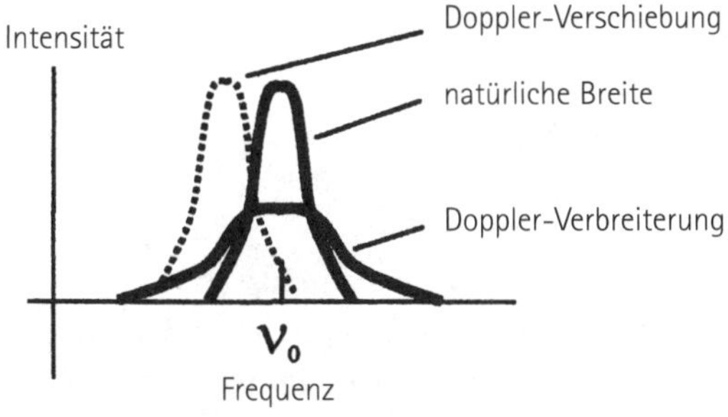

28. Lichtpinzette

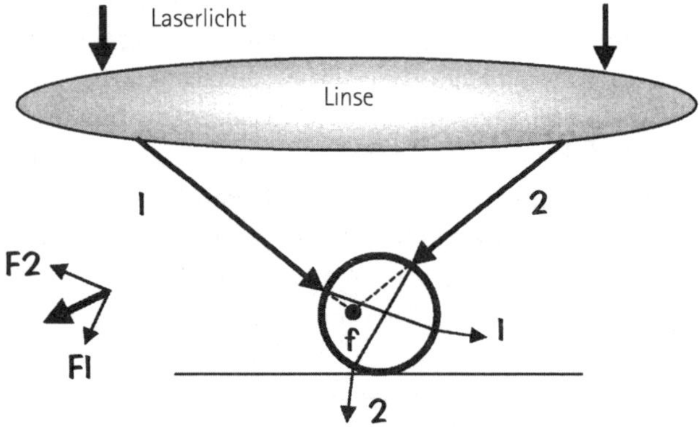

In Science-Fiction-Filmen sieht man oft, wie Lichtstrahlen von einer handlichen Lichtkanone abgeschossen werden und dabei einen so ungeheuren Impuls entwickeln, dass ein feindlicher Angreifer umgehauen wird, der sich in Richtung des Strahls nähert. Nach dem dritten Newton'schen Axiom müsste eigentlich die Lichtkanone selbst einen gleichgroßen Rückstoß erfahren! Wir wissen, dass ein Lichtstrahl Energie und linearen Impuls besitzt, und wenn er auf eine Oberfläche auftrifft, bewirkt er, dass diese sich ein wenig rückwärts bewegt. Wir würden nun gern wissen, ob man ein winziges Objekt, etwa ein einzelliges Lebewesen, mit Hilfe eines Lichtstrahls physisch bewegen kann, und zwar *senkrecht* zur Richtung des Lichtstrahls.

29. Leuchtstofflampen

Das Gasplasma in einer Leuchtstoffröhre emittiert überwiegend ultraviolette Strahlung und ganz wenig sichtbare Strahlung. Elektronen werden von den Ionen eingefangen und springen auf niedrigere Energiezustände, wobei sie bei jedem Fluoreszenzsprung ein charakteristisches UV-Photon emittieren. Warum produzieren dann Leuchtstoffröhren so viel effizienter als Glühbirnen *sichtbares* Licht?

Warum kann das Licht aus manchen Leuchtstofflampen Ihre Gesundheit gefährden? Könnte es sein, dass sie etwas UV-Licht emittieren? Gibt es Leuchtstoffröhren, die für Arbeitsplätze besser geeignet sind? Sind sie besser, weil sie kein UV-Licht emittieren?

30. Der phasenkonjugierende Spiegel

Kann eine Lichtwelle ein störendes Medium passieren, verzerrt und von einem Spezialspiegel reflektiert werden und dann *ungestört* zur Quelle zurückkehren?

31. Stationäre Zustände

Im Bohr-Modell des Wasserstoffatoms wird der Drehimpuls für die Bahnbewegung des Elektrons mit der Masse m in der Entfernung r in ganzzahligen Einheiten der Planck'schen Konstante h quantisiert – das heißt, wenn man annimmt, die Protonenposition sei fixiert, dann ist $mvr = nh/2\pi$, wobei n eine ganze Zahl und v die Geschwindigkeit des Elektrons ist. Mit Hilfe von $mv = h/\lambda$ konnte de Broglie Bohrs Quantisierungsregel sowie $n\lambda = 2\pi r$ ableiten. Wenn f_1 und f_2 die Frequenzen der Bohr'schen Bahnbewegung des Elektrons in den Energiezuständen E_1 und E_2 sind und wenn dann ein Elektron vom Zustand 2 zum Zustand 1 springt, warum ist dann die Energie des emittierten Photons nicht gleich der Differenzenergie $hf_1 - hf_2$?

32. Der Drehimpuls

In klassischen Berechnungen ist die Größe, die häufig im Ergebnis erscheint, das Quadrat des Drehimpulses J^2. Oft kann man die richtige quantenmechanische Formel durch Schätzung ermitteln, indem man J^2 durch $j(j + 1)h^2/4\pi^2$ ersetzt, wobei j die z-Komponente des Drehimpulses und h die Planck'sche Konstante ist. Warum ist das Quadrat des Drehimpulses in der Quantenmechanik nicht einfach proportional zu j^2, sondern zu $j(j + 1)$?

33. Kinetischer Laser

Ein traditioneller Laser beruht auf dem stimulierten Übergang von Elektronen in einem Atom von einem höheren zu einem niedrigeren Energiezustand, mit einem »Photonenmeer« im Hintergrund, wobei ein charakteristisches Photon emittiert wird, das in Frequenz und Impuls den stimulierenden Photonen entspricht. Dieser stimulierte Emissionsprozess wurde von Einstein vorhergesagt. 1951 gelang es J. Weber an der University of Maryland als Erstem, die Betriebsprinzipien des Ammonium-Masers und -Lasers zu berechnen. Doch als er für den Bau des Masers Forschungsgelder beantragte, ein paar hunderttausend Dollar, soll er – so die Story – gegen die Sportfakultät den Kürzeren gezogen haben – die wollte mit dem Geld das Football-Programm der Universität ausbauen.

Der erste funktionierende Ammonium-Maser wurde dann 1954 von C. Townes und das erste, im sichtbaren Bereich des Spektrums arbeitende Lasergerät 1960 von T. H. Maiman gebaut. Dass der Laser zunächst im Mikrowellenbereich operierte, ist kein Zufall, denn die spontane Emission ist proportional der dritten Potenz der Übergangsfrequenz,

und da sie in diesem Teil des Spektrums extrem klein ist, kann sie im Vergleich zur stimulierten Emission und Absorption vernachlässigt werden.
Zu den exotischeren Lasern zählt der kinetische Laser, der aus einem »explodierenden« Material besteht, das Licht und Röntgenstrahlen emittiert. In seiner einfachsten Form wäre das Material eine Folie aus einem einzelnen Element wie Kupfer, die zur Explosion gebracht wird, indem man starke Laserimpulse darauf bündelt. Wie erzeugt dieser Lasertyp kohärentes Laserlicht?

34. Noninversions-Laser

Jahrzehntelang erklärte man Laser als das Ergebnis einer Besetzungsinversion von Zuständen mit stimulierter Emission von Photonen in einem hochaktiven Resonator. Laser lassen sich jedoch auch ohne Besetzungsinversion betreiben. Können Sie erklären, wie dieser Prozess von stimulierter Emission funktioniert?

35. Das Röntgenstrahlen-Paradoxon

Der Brechungsindex n gibt das Verhältnis c/v wieder, also der Lichtgeschwindigkeit im Vakuum zur Geschwindigkeit der elektromagnetischen Welle im Material. Fensterglas zum Beispiel kann für sichtbares Licht einen Index $n = 1{,}5$ haben, der je nach der Farbe des Lichts leicht variiert. Bei Röntgenstrahlen tritt ein Paradoxon auf, denn sie haben in Kristallen einen Brechungsindex von *weniger als 1*! Was bedeutet dieses Verhalten?

36. Der Benzolring

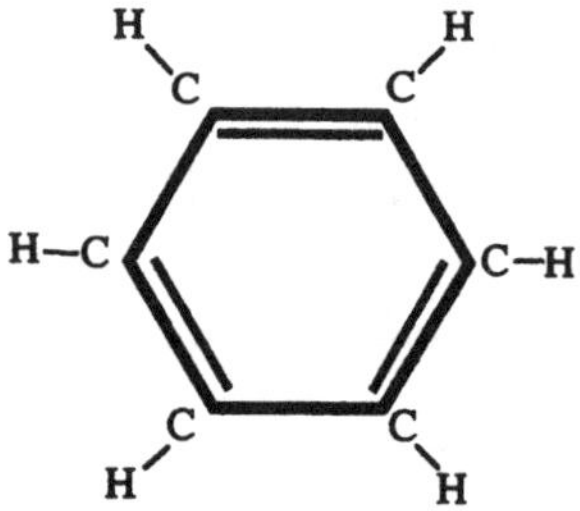

Das Benzolmolekül ist ein Ring aus sechs Kohlenstoffatomen, die jeweils mit einem Wasserstoffatom verbunden sind. Die in diesem Molekül enthaltene Energie hat etwas Geheimnisvolles an sich. Der Benzolring lässt sich in einzelne Teile zerlegen, und Chemiker haben die mit den Teilen sowie mit Einfach- und Doppelbindungen verbundenen Energien gemessen, indem sie Äthylen und andere Verbindungen untersuchten. Die zu erwartende Gesamtenergie lässt sich aus diesen Daten errechnen, aber die tatsächliche Gesamtenergie des Benzolrings ist viel geringer – das heißt, die Kohlenstoffatome sind viel enger gebunden. Nach dem Bindungsbild also wäre der Benzolring chemisch leicht angreifbar, doch das Molekül lässt sich nicht so ohne weiteres zerlegen.
Mit Hilfe der Schrödinger-Gleichung kann man die möglichen Energieniveaus für den Benzolring berechnen, indem man jedes Kohlenstoffatom in diesem Ring als potenziellen Ort für ein einzelnes Elektron betrachtet. Warum funktioniert diese Berechnungsmethode?

37. Graphit

Die Atome in einem Kristall sind regelmäßig angeordnet, es sei denn, es treten Versetzungen auf. Die meisten reinen Einzelelementkristalle haben eine kubische oder Diamantstruktur, wobei alle orthogonalen Richtungen die gleichen Abstände aufweisen. Doch selbst bei einem Stoff aus einem reinen Element kann der Abstand in verschiedenen Richtungen unterschiedlich sein. Nehmen wir beispielsweise Kohlenstoffatome, die wahrscheinlich in über 75 Prozent aller bekannten Verbindungen vorkommen. In Diamant haben sie in allen orthogonalen Richtungen die gleiche Struktur, aber in Graphit ist die dritte Richtung definitiv ganz anders als die anderen beiden Richtungen, die eine Ebene aus hexagonalen Kohlenstoffringen darstellen. Wieso kann diese dritte Richtung in einem ursprünglich neutralen Milieu so anders sein?

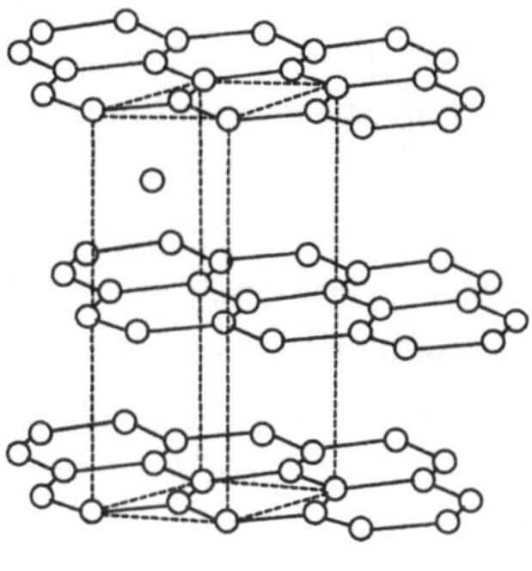

38. Die Ozonschicht

In den letzten Jahrzehnten haben wir so viel von der Ozonschicht in der oberen Atmosphäre und von ihrem möglichen Abbau gehört. Doch Ozon ist nur ein unbedeutendes Treibhausgas, das weit hinter Kohlendioxid, Wasserdampf und Methan rangiert. Warum also wird wegen der Ozonschicht so viel Aufhebens gemacht?

39. Treibhausgase

Wieso spielen die Treibhausgase Kohlendioxid, Wasserdampf und Methan für das Überleben von uns Menschen auf der Erde eine so große Rolle? Wenn sie denn für unsere Existenz so gut sind, müssten wir dann nicht dafür sorgen, dass sich noch mehr Kohlendioxid usw. in der Atmosphäre befindet?

40. LED oder LCD?

Eine LED (Light Emitting Diode) ist ein Halbleiter, der sichtbares Licht emittiert, wenn ihn ein elektrischer Strom passiert. Das Licht ist nicht besonders hell und meist einfarbig, da es eine einzige Wellenlänge hat. Der Lichtausstoß einer LED reicht von Infrarot und Rot bis Blau-Violett. LCD (Liquid Crystal Display) ist eine Form der Anzeige in Digitaluhren und vielen tragbaren Computern und besteht aus zwei Schichten eines polarisierenden Materials mit einer Flüssigkristalllösung dazwischen. Fließt ein elektrischer Strom durch die Flüssigkeit, richten sich die Kristalle so aus, dass kein Licht hindurchgelangt – jeder Kristall wirkt wie eine Blende und lässt das Licht entweder durch oder blockiert es.
Wie unterscheidet sich der Energiebedarf einer LED von dem einer LCD? Und wie groß ist der Energiebedarf eines Plasmabildschirms?

41. Sonolumineszenz

Schallenergie wird durch das Phänomen der so genannten Sonolumineszenz direkt in Lichtenergie umgewandelt. Der bereits im 19. Jahrhundert entdeckte Prozess wurde über 100 Jahre lang nicht weiter beachtet und gewann erst in den Neunzigerjahren des vorigen Jahrhunderts wieder an Bedeutung. Wie wandelt man eine kleine Menge Schallenergie in einen kurzen, aber strahlenden Lichtblitz um?

42. Sich selbst abpumpendes flüssiges Helium

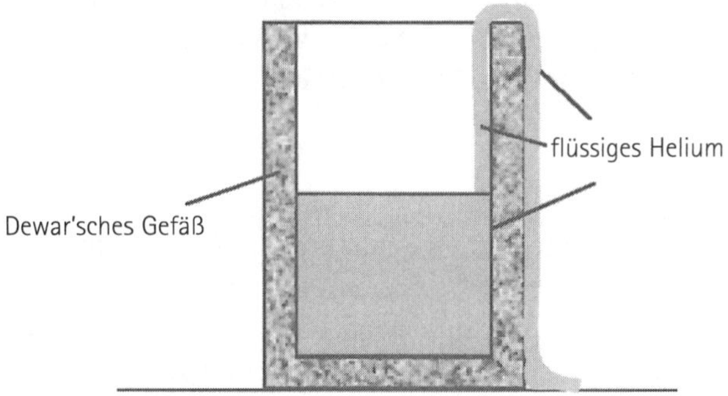

Flüssiges Helium kann ohne zusätzliche Hilfe an der Wand seines Behälters hochkriechen. Wie ist das möglich?

43. Der Quanten-Hall-Effekt

Der Hall-Effekt wurde 1879 von Edwin Hall entdeckt. »Ein geladenes Teilchen, das sich in einem Magnetfeld bewegt, erfährt eine ›Lorentz-Kraft‹ senkrecht zu seiner Bewegungsrichtung und zum Magnetfeld. Als direkte Folge

dieser Lorentz-Kraft sammeln sich geladene Teilchen auf einer Seite eines Drahts an, wenn man durch ihn Strom schickt und ihn in einem [senkrechten] Magnetfeld aufrecht hält.« Misst man die Spannungsdifferenz in einem gegebenen Strom, erhält man den Hall-Widerstand, der bei einem anliegenden Magnetfeld linear zunimmt.
Die Leitungselektronen in einem Feststoff verhalten sich wie ein Elektronengas. Eine Überraschung stellte daher die Entdeckung des Quanten-Hall-Effekts im Jahre 1980 durch von Klitzing und seine Forschungsgruppe dar, als sie die Leitfähigkeiteigenschaften zweidimensionaler Elektronengase bei sehr niedrigen Temperaturen in extrem starken Magnetfeldern untersuchten. Wie ist dieser Quanten-Hall-Effekt physikalisch zu erklären?

44. Integrierte Schaltkreise

Wenn sich auf Integrierten Schaltkreisen (ICs) immer mehr Halbleiter und interne Verbindungen drängen, fragt man sich, wie sie mit der Außenwelt verbunden werden. Wir wissen auch, dass kosmische Strahlung und Teilchenstrahlung aus der Umwelt bereits heute durch zufällige Zerstörung von Schaltelementen zum Ausfall von Bauteilen führen. Diese Effekte verschlimmern sich, wenn die Miniaturisierung immer weiter fortschreitet. Doch das entscheidende Problem heute ist weder die Verbindung zur Außenwelt über Golddrähte noch die Hintergrundteilchenstrahlung. Was dann? (Siehe auch Frage 54)

45. Atomcomputer?

Atome sind unruhige Ansammlungen von Elektronen und Kernteilchen, die ihre Positionen ständig in einem Zufallstanz verändern. Die Informationsspeicherung hingegen erfordert stabile Zustände während entsprechender Zeitabschnitte. Lassen sich also Informationen auf einzelnen Atomen in ihrer rastlosen Welt speichern?

46. Röntgenstrahlenlaser?

Wir wissen, dass Röntgenstrahlenlaser existieren, bei denen sich ein Elektron über eine wellige Oberfläche hinwegbewegt und Röntgenstrahlen emittiert, ebenso wie Röntgenstrahlen-Laserquellen, die auf Plasmen basieren wie der kinetische Laser. Wirklich praktisch allerdings wäre ein Röntgenstrahlenlaser mit einer Wellenlänge von etwa 1 Å oder 0,1 Nanometer oder weniger, der in einem Tischgerät untergebracht wäre und eine Auflösung von fast einer Wellenlänge hätte. Er wäre in der Physik wie in der Medizin vielseitig einsetzbar.
Ein sehr interessantes Tischgerät ist die funktionierende monochromatische Röntgenstrahlenquelle, wie sie die

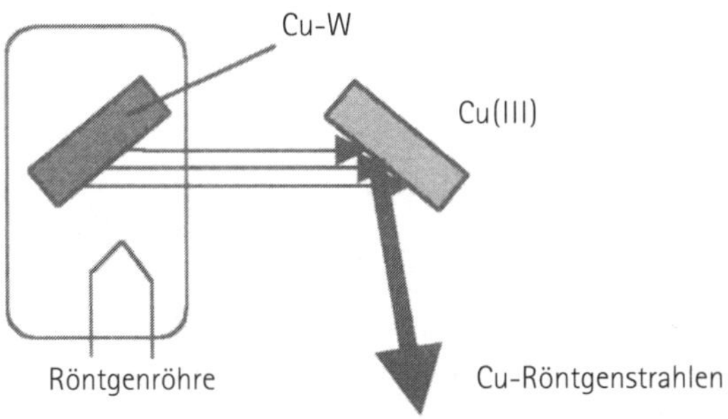

Abbildung zeigt. Sie emittiert sehr intensive, dünne Strahlen auf der charakteristischen 1,54-Å-Emissionslinie von Kupfer, der so genannten $K\alpha_1$. Es gibt eine spezielle Röntgenröhre aus Bimetall (Cu-W), die aus beiden Metallen nach einem Beschuss mit Hochenergieelektronen auf die übliche Weise Röntgenstrahlen emittiert. Diese Röntgenstrahlen verlassen die Röhre und erzeugen dann durch Bragg'sche Streuung in einem externen Cu-Kristall ein sehr dünnes, intensives Bündel von Cu-$K\alpha_1$-Röntgenstrahlen. Die erste Überraschung stellt die enorme Linienintensität in einer einzigen Wellenlänge dar, die zweite besteht darin, dass im Output aus dem externen Kristall keine Cu-$K\alpha_2$-Strahlen erscheinen. Wie beeinflusst der externe Kristall den Röntgenstrahl? Ist dieser Apparat ein Röntgenstrahlenlaser oder eine superstrahlende Röntgenstrahlenquelle?

47. Bose-Einstein-Kondensat

Ein Bose-Einstein-Kondensat ist eine neue Form von Materie, die bei den kältesten Temperaturen im Universum hergestellt wird. Im Prinzip ist das Kondensat eine Ansammlung identischer Atome, die sich als Einheit verhalten. Wie verlieren die einzelnen Atome ihre Eigenidentität?

48. Quantenpunkte

Quantenpunkte sind Kristalle, die nur ein paar hundert Atome enthalten, und wenn sie zum Beispiel mit UV-Licht bestrahlt werden, fluoreszieren sie nur in einer speziellen Lichtwellenlänge. Warum?

III Der Casimir-Effekt und andere Quantenprobleme

Die Quantenmechanik (QM) entstand 1925 als eine Theorie, mit der man das innere Verhalten des Wasserstoffatoms verstehen wollte. Seither befasst sich die QM praktisch mit dem Verhalten aller physikalischen Phänomene. In ihrer rudimentärsten Version basiert die QM auf drei Grundregeln. Der zentrale Gedanke der QM ist nicht die quantisierte Energie und der quantisierte Drehimpuls, denn schon die klassische Physik von Saiten, Röhren, Trommelfellen und so weiter hat mit quantisierten Energiezuständen und quantisiertem Drehimpuls zu tun.
Im Zentrum der QM steht vielmehr die kohärente Überlagerung von Zuständen, wie sie die 2. Regel angibt. Die drei Grundregeln der QM lauten (nach den *Feynman-Vorlesungen zur Physik*):

1. Die Wahrscheinlichkeit P eines Ereignisses ist in einem idealen Experiment durch das Quadrat des Absolutbetrages einer komplexen Zahl ψ gegeben, die Wahrscheinlichkeitsamplitude (oder Wellenfunktion) genannt wird:
$P = |\psi|^2$.

2. Wenn ein Ereignis auf mehrere verschiedene Weisen auftreten kann, ist die Wahrscheinlichkeitsamplitude ψ für das Ereignis die Summe der Wahrscheinlichkeitsamplituden jeder einzeln betrachteten Möglichkeit ψ_1, ψ_2, ψ_3 …
Es gibt Interferenz:
$\psi = \psi_1 + \psi_2 + \psi_3 + \dots$
$P = |\psi_1 + \psi_2 + \psi_3 + \dots|^2$

3. Wenn ein Experiment durchgeführt wird (oder werden könnte), das eine Entscheidung erlaubt, ob die eine oder andere Alternative wirklich gewählt wurde, dann ist die Wahrscheinlichkeit für das Ereignis die (klassische) Summe der Wahrscheinlichkeiten für jede der Alternativen. Die Interferenz geht verloren:
$P = P_1 + P_2 + P_3 + \dots$

Wir kennen keinen einfacheren Mechanismus, von dem sich diese Regeln ableiten ließen. Zahlreiche Tests haben immer wieder ihre grundlegende Gültigkeit bestätigt. Sie werden Sie bei den Aufgaben anwenden müssen.

49. Die schizophrene Spielkarte

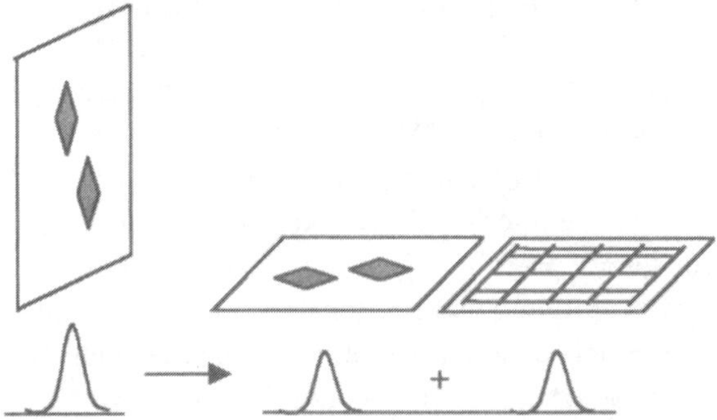

Eine ideale Spielkarte steht perfekt ausbalanciert auf der Kante. Nach den Regeln der Quantenmechanik wird diese Karte gleichzeitig in beide Richtungen fallen! Das heißt, der Endzustand der Karte ist die Überlagerung der beiden alternativen Fallrichtungen, ψ_1 nach links und ψ_2 nach rechts. Die Wellenfunktion der Karte ändert sich glatt und kontinuierlich vom ausbalancierten Zustand zu dem geheimnisvollen Endzustand $\Psi = \psi_1 + \psi_2$ mit zwei Alternativen, bei denen sich die Karte anscheinend gleichzeitig an zwei Orten befindet. Warum sehen wir dies nicht in der Alltagswelt um uns herum geschehen?

50. Schrödingers Katze

Eine Version des berühmten Gedankenexperiments um Schrödingers Katze lautet wie folgt: Eine gesunde Katze wird in ein ideales Katzenspielzimmer gesetzt, das von der übrigen Welt isoliert ist, wenn die Tür geschlossen wird. Im Inneren wird versehentlich ein tödliches Objekt zurückgelassen. Die Tür wird geschlossen. Nachdem eine gewisse Zeit vergangen ist, fragt man sich, ob die Katze lebendig oder tot ist – die beiden klassischen Möglichkeiten. Regel 2 der QM besagt jedoch, dass der Zustand der Katze gleich $\Psi = \psi_1 + \psi_2$ ist, wobei ψ_1 lebendig und ψ_2 tot bedeutet. Nach der QM also müssen wir davon ausgehen, dass die Katze gleichzeitig lebendig und tot ist! Sie sind jedoch neugierig. Sie drücken auf einen Knopf, der die Tür gerade weit genug öffnet, dass Sie hineinschauen könnten, um den Zustand der Katze zu bestimmen. Sie könnten hineinschauen, beschließen aber, es nicht zu tun. Was sagt die QM nun für ψ voraus?

51. Wellenfunktionen

Wellenfunktionen können Funktionen vieler unterschiedlicher physikalischer Parameter in dem betreffenden System sein. So kann man beispielsweise eine Wellenfunktion im Koordinatenraum, im Impulsraum, im Spinraum und so weiter definieren, solange die Einheitsvektoren des Raums orthogonal sind. Für ein Einzelteilchen ist die Wellenfunktion $\psi(x_1,y_1,z_1)$ die QM-Amplitude, um das Teilchen im dreidimensionalen Konfigurationsraumpunkt (x_1,y_1,z_1) zu finden, der direkt eins zu eins den Positionsraumkoordinaten x_1, y_1 und z_1 für dieses Einzelteilchensystem entspricht. Für das Zwei-Teilchen-System definiert die Wellenfunktion $\psi(x_1,y_1,z_1); (x_2,y_2,z_2)$ einen sechsdimensionalen Konfigurationsraum. Gibt es auch eine direkte Entsprechung zu den dreidimensionalen Positionsraumkoordinaten für diese Zwei-Teilchen-Wellenfunktion? Wie steht es mit der Viel-Teilchen-Wellenfunktion?

52. Kollaps der Wellenfunktion?

Betrachten wir ein Elektron in einem Kasten. Stellen wir uns vor, der Kasten sei in *N* identische Würfel unterteilt, und nehmen wir an, die Amplitude Ψ zum Finden des Elektrons im Kasten sei die Überlagerung $\Psi = \psi_1 + \psi_2 + \psi_3 + \ldots$, das heißt die Summe aller *N* vorgestellten identischen Würfel im Kasten. Nun benutzen wir ein Photon dazu, um festzustellen, wo das Elektron ist, indem wir die Streuung des Photons aufzeichnen und so weiter. Nehmen wir an, unser einfallendes Sondenphoton passiert den Kasten direkt und interagiert nicht mit dem Elektron, was wir daran feststellen, dass das Photon einen geradlinigen Weg durch unseren Detektor nimmt. Was geschieht nun mit der Elektronenwellenfunktion Ψ?

53. Quantencomputer

Die neuen Quantencomputer beruhen auf der Quantenkohärenz. Das heißt, das Quantencomputersystem enthält *N* identische Quantensubsysteme – zum Beispiel Atome oder optische Anordnungen, Moleküle oder Resonanzkörper. Allgemein formuliert kann sich jedes Quantensubsystem in vielen möglichen Quantenzuständen befinden. Nehmen wir an, die Funktion ψ_i für jedes Quantensubsystem hat nur zwei Zustände, 1 und 0. Wenn $N = 3$, dann ist $\Psi = \psi_1 + \psi_2 + \psi_3$ der QM-Zustand des Systems. Daher stellt unser Quantencomputer alle acht Zustände gleichzeitig dar: 000, 001, 010, 011, 100, 101, 110, 111.

$$\Psi = \downarrow\downarrow\downarrow + \downarrow\downarrow\uparrow + \downarrow\uparrow\downarrow + \downarrow\uparrow\uparrow + \uparrow\downarrow\downarrow + \uparrow\downarrow\uparrow + \uparrow\uparrow\downarrow + \uparrow\uparrow\uparrow$$

Das heißt, bei Berechnungen zu Ψ sind alle acht Zustände an jeder Rechnung beteiligt! Wenn der Quantencomputer eigentlich ein großes Molekül in einem Vakuum ist, dann muss das Molekül von den Wänden des Behälters und von anderen Molekülen fern gehalten werden. Warum?

54. Eine Tasse Kaffee als Quantencomputer

Eines Tages, als Laura in ihre Kaffeetasse starrte, ging ihr auf, dass dieser Brei von Koffeinmolekülen der natürliche Quantencomputer der Welt sein könnte. Wieso könnte einer Tasse Kaffee diese Möglichkeit innewohnen?

55. Die Bragg-Streuung von Röntgenstrahlen

Die Bragg-Streuung von Röntgenstrahlen mit der Wellenlänge λ in einem idealen Kristall erfüllt das Bragg'sche Gesetz: $2d \sin \theta = m\lambda$, wobei d der Abstand zwischen benachbarten Streuungsebenen und θ der von der Oberfläche des Kristalls gemessene Winkel, nicht die Senkrechte ist. Wird diese Bedingung für verschiedene ganzzahlige Werte von m erfüllt, tritt die konstruktive Interferenz der gesamten Familie paralleler Ebenen auf, weil die Pfadunterschiede ganzzahlige Vielfache der Wellenlänge von Röntgenstrahlen sind. Oft liest man, dass die Bragg-Streuung von Röntgenstrahlen aus einem idealen Kristall ein kohärenter Streuungsprozess sei – das heißt, dass alle Bragg-gestreuten Röntgenstrahlen in Phase am Detektor eintreffen würden. Warum ist dies nicht der Fall?

56. Schöne Gesichter

Warum können wir das Gesicht eines Menschen im sichtbaren Licht in allen Einzelheiten erkennen? Tipp: Denken Sie an den Unterschied zwischen kohärenter und nichtkohärenter Streuung von Licht.
Warum ist das Bild eines menschlichen Gesichts im Infrarotbereich (IR) und im Ultraviolettbereich (UV) verschwommen? Der Einfachheit halber gehen wir vom Idealfall aus, dass wir in den Bereichen der IR-Strahlung, des sichtbaren Lichts und der UV-Strahlung gleich gut sehen können, sodass unsere Physiologie nicht dafür verantwortlich ist.

57. Gravitationswellen

Zusätzlich zu Teleskopen zur Betrachtung von Photonen in den Bereichen des elektromagnetischen Spektrums (Gammastrahlung, Röntgenstrahlung, UV-Strahlung, sichtbares Licht, IR-Strahlung, Mikrowellen und Radiowellen) tun sich mit Neutrino- und Gravitationswellenobservatorien neue Fenster zum Universum auf. Man geht davon aus, dass Gravitationswellen von einem sich verändernden Massenquadrupol erzeugt werden – zum Beispiel von zwei Massen, die sich um ihr gemeinsames Baryzentrum drehen, etwa wie die beiden Sterne in einem Doppelsternsystem. Sie würden Gravitationswellen emittieren, deren Wellenlängen viele Kilometer lang wären und die mit allen Objekten wechselwirken – das heißt, sie weisen die meisten Wellenphänomene auf wie Streuung, Reflexion und Durchstrahlung, ähnlich anderen Wellenarten. Der klassische Streuungsquerschnitt von Gravitationswellen durch ein Massenpaar in einem Detektor

wurde vor etwa 50 Jahren vom Physiker J. Weber ermittelt.
Der Einfachheit halber nehmen wir an, dass jedes Paar identischer Atome in einem Material ein Massenpaar-Quadrupolstreuer von Gravitationswellen ist. Wir würden nun gern wissen, ob Gravitationswellen im Detektor kohärent streuen können – das heißt, ob eine Gravitationswelle gleichzeitig von vielen Massenpaaren im Detektor (etwa einem Aluminiumzylinder) streuen kann oder ob sie nacheinander jeweils von einem Massenpaar streuen muss. Was geht hier physikalisch vor?

58. Kohärente Neutrinostreuung

Ein weiteres mögliches Fenster oder Teleskop zur Beobachtung des Universums bietet die Entdeckung von Neutrinos. Das Neutrinoobservatorium Super-Kamiokande in Japan und das Sudbury Neutrino Observatory (SNO) in Kanada beherbergen zwei der größten Neutrinodetektoren, die tausende Tonnen Wasser enthalten. Mittlerweile hat man dort festgestellt, dass der Sonnenneutrinostrom mit dem Standardsonnenmodell übereinstimmt. Forschungsgruppen, die mit diesen Neutrinodetektoren arbeiten, haben Neutrinooszillationen in Materie bestätigt, also die Umwandlung eines Neutrinotyps in einen anderen.
Die beiden Neutrinodetektoren sind deshalb so gewaltig groß, weil die Wahrscheinlichkeit, dass Neutrinos mit Materie wechselwirken, extrem gering ist. Milliarden von Neutrinos passieren jede Sekunde unseren Körper und richten keinen Schaden an! Ein einzelnes Elektronen-Neutrino würde massives Blei (Pb) durchdringen, das den Raum zwischen Erde und Jupiter ausfüllt – und dabei

bestände nur eine geringe Chance, dass das Neutrino mit einem Pb-Kern kollidiert. Doch 1984 legte der Physiker J. Weber dar, dass Neutrinos aller Energiezustände von den Kernen in großen, fehlerfreien einzelnen Kristallen von Silizium, Rubin oder Diamant kohärent gestreut werden könnten, und damit würde die Wahrscheinlichkeit der Neutrinostreuung um den Faktor 10^{22} zunehmen. Somit würden im Idealfall praktisch alle einfallenden Neutrinos mindestens einmal im Kohlenstoffkern in einem perfekten Diamantkristall streuen, und zwar innerhalb des ersten Zentimeters oder noch eher!
Normalerweise würde man erwarten, dass nur Neutrinos, deren Wellenlängen viel größer als die Abstände zwischen den Kernen im Kristall sind, überhaupt eine Chance zur kohärenten Streuung hätten, vergleichbar dem Licht, das kohärent an einer Oberfläche von Atomen streut, deren Abstände viel geringer als die Wellenlänge des einfallenden Lichts sind. Ansonsten, wenn die Kerne als Streuungspotenziale behandelt werden, sind die von den streuenden Kernen zur QM-Amplitude beigetragenen Phasen zufällig, und die Streuungswahrscheinlichkeit wird proportional zu N statt zu N^2 sein, genau wie bei Röntgenstrahlen. Welche Annahme haben wir im Hinblick auf Streukörper gemacht, die laut Weber zu einem falschen begrifflichen Argument gegen die kohärente Streuung für Neutrinos von kürzerer Wellenlänge führt?

59. Magnetresonanzbildgebung (MRI)

Die Magnetresonanzbildgebung (MRI) oder Kernspintomographie ist eigentlich die medizinische Anwendung der Kernmagnetresonanz, wie sie Physiker seit den Vierziger-

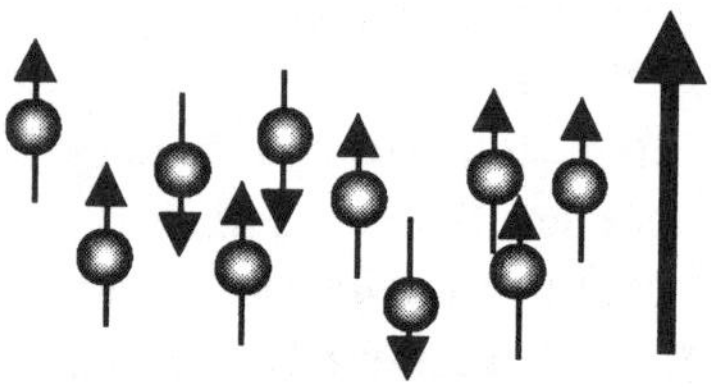

jahren des vorigen Jahrhunderts betreiben. Eine Probe von lebendem Gewebe enthält zahlreiche, in Molekülen gebundene Wasserstoffatome. Jeder Wasserstoffkern hat einen Spin mit einem Magnetmoment, das sich durch ein angelegtes Magnetfeld ausrichten lässt. Die Probe wird einem sehr starken gleichförmigen Magnetfeld ausgesetzt, das die Spins der Wasserstoffkerne ausrichtet. Ein gepulstes elektromagnetisches Feld wird angelegt, das zum Beispiel nur einen Wasserstoffspin auslösen würde. Mit welcher QM-Interpretation ließen sich die Kerne als ein kollektives Ganzes behandeln?

60. Die Heisenberg'sche Unschärferelation

Die Heisenberg'sche Unschärferelation, auch Unbestimmtheitsprinzip genannt, besagt, dass $\Delta p_x \Delta x \geq h/4\pi$, wobei Δx die Unsicherheit in der Messung der x-Position, Δp_x die Unsicherheit in der Messung des x-Impulses und h die Planck'sche Konstante ist. Manche Leute behaupten, die Unschärferelation setze der genauen Bestimmung der Position eines Teilchens eine Grenze. Was meinen Sie? Manche Leute behaupten auch, dass die Heisenberg'sche Unschärferelation nur ein Beispiel einer allgemeineren Unbestimmtheitsbeziehung für alle Wellen sei, dass sich also die Position nur auf Kosten unseres Wissens um die Wellenlänge bestimmen ließe. Ist diese Behauptung wahr? Wir wissen auch, dass Niels Bohr in seinen jahrzehntelangen Diskussionen mit Albert Einstein über die Frage, ob die Quantenmechanik eine vollständige Beschreibung der Natur sei, sich oft auf die Unschärferelation berief, um seinen Standpunkt zu verteidigen, die so genannte Kopenhagener Interpretation der QM. Bohr vertrat den Standpunkt, wenn man die Position des Teilchens beim berühmten Doppelspaltexperiment durch Beobachtung mit Photonen genauer bestimme, störe deren Wechselwirkung mit dem Teilchen dessen Impuls, indem es ihm einen zufälligen Impulsanstoß gebe. Das heißt, wenn man nicht schaut, weist das Teilchen ein Interferenzmuster auf einem Schirm hinter den beiden Schlitzen auf. Doch wenn man nachschaut, welchen Weg das Teilchen durch die Schlitze nimmt, stört die Messung das System, und auf dem Schirm gibt es kein Interferenzmuster – man erblickt nur eine klassische Zwei-Höcker-Verteilung. Was halten Sie von Bohrs Argument?

61. Vakuumenergie?

Während das klassische Vakuum eine Leere ist, stellt das Quantenvakuum eine virtuelle »Suppe« von Teilchen-Antiteilchen-Paaren dar, die mit realen Atomen wechselwirken, um die Lamb-Verschiebung (eine geringe Energieverschiebung auf atomaren Ebenen) und den Casimir-Effekt (die Anziehung zweier Platten in einem Vakuum) zu erzeugen. Hat das Quantenvakuum einen Energiegehalt, oder geht die Energie in der »Suppe« im Durchschnitt gegen null?

62. Der Casimir-Effekt

Werden zwei parallele ungeladene Metallplatten in ein perfektes Vakuum gebracht, ziehen sie einander mit einer winzig kleinen Kraft an, die nicht die Schwerkraft ist. Was ist die Quelle dieses Effekts?

63. Kann man Licht quetschen?

Laserlicht lässt sich auf vielerlei Weise beschreiben. Wenn man nur die Amplitude und die Phase eines Strahls in einem Laserstrahlenbündel betrachtet, wird es immer ein Schrotrauschen geben – das heißt, Zufallsschwankungen, die durch Wechselwirkungen zwischen virtuellen Teilchen im Vakuum mit dem Strahlenbündel verursacht werden. Wir haben jedoch gehört, dass es vielleicht Techniken gibt, die zum Beispiel das Schrotrauschen in der Amplitude reduzieren. Was geschieht dann mit dem Schrotrauschen in der Phase?

64. Elektronenspin

Hat das Vakuum einen Einfluss auf den Spin eines Teilchens, etwa eines Elektrons?

65. Supraleitfähigkeit

Ein quantenmechanischer Effekt, der auf der makroskopischen Ebene auftritt, ist die Supraleitfähigkeit. Cooper-Paare von Elektronen in Supraleitern haben einen Gesamtspin von null, das heißt, ihre gepaarten Spins sind entgegengesetzt, selbst wenn ihre räumliche Trennung gewaltig sein kann – zum Beispiel Zentimeter bis Meter –, weil sie entgegengesetzte Impulse haben. Diese Paare können sich wie Bosonen mit null Spin verhalten, die der Bose-Einstein-Statistik gehorchen. Jede Anzahl von Bosonen kann im selben Quantenzustand sein, das heißt, denselben Vierer-Impuls (zum Beispiel durch die Energie und den Dreier-Impuls definiert) und Spin haben. Daher haben alle Bosonen im selben kollektiven supraleitenden Zustand exakt die gleiche Energie. Doch dieser Bosonenkollektivzustand in einem Supraleiter hat eine geringe Energiebreite. Haben Sie irgendeine Idee, was diese Energiebreite verursacht?

66. Suprafluidität

He-4 unterhalb der Lambda-Übergangstemperatur 2,7 K lässt sich als eine Zwei-Fluide-Flüssigkeit analysieren, die sich aus He-Atomen im Normalzustand und He-Atomen im makroskopischen Suprafluid-Zustand zusammensetzt. Suprafluidität ist eine Eigenschaft von He-4 im flüssigen Zustand, weil He-4-Atome der Bose-Einstein-Statistik gehorchen. Viele He-4-Atome können im selben makroskopischen Quantenzustand sein – das heißt, in denselben Impulszuständen für diese Atome, die sich im Suprafluid bewegen. Wenn dies so ist, warum kann dann He-3 bei niedrigen Temperaturen ebenfalls ein Suprafluid werden?

67. Lückensprünge

Mit winzigen Detektoren auf dem Kopf eines Menschen kann man geringfügige Schwankungen im Magnetfeld des Gehirns aufspüren. Diese so genannten SQUIDS (*superconducting quantum interference devices*, also supralei-

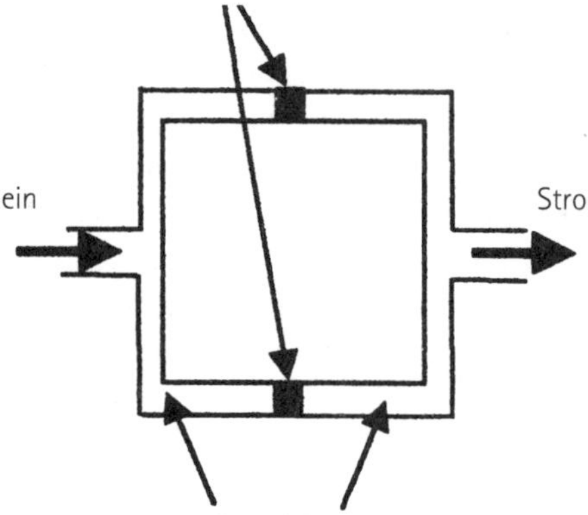

tende Quanteninterferenzgeräte) sind bislang die empfindlichsten Messgeräte. Sie basieren auf dem Josephson-Effekt, bei dem die Cooper-Paare von Elektronen in einem Supraleiter zuweilen eine physikalisch-räumliche Lücke im Material überspringen und zu einem anderen Teil des Supraleiters gelangen können. Bei serienmäßig hergestellten SQUIDS füllt ein dünner Film die Lücke. Der heute in Laboratorien auf der ganzen Welt verwendete Gleichstrom- SQUID zum Aufspüren kleiner Magnetfelder ist ein supraleitender Ring mit zwei Lücken! Die besten Gleichstrom- SQUIDS sind so empfindlich, dass sie eine Änderung im Magnetfluss messen können, die etwa 10^{-34} Joule in einer Sekunde entspricht – das ist etwa die mechanische Energie, die erforderlich ist, ein Elektron in einer Sekunde um 10 Zentimeter anzuheben. Warum überspringen die Elektronenpaare die Lücke?

68. Kernzerfall

Im Kern eines Atoms werden die Neutronen und Protonen von Kernkräften gehalten. Ihre Gesamtenergie (wenn man einmal die mc^2-Verteilungen ignoriert) ist geringer als die potenzielle Energie der Barriere. Und doch entkommen einige Kernteilchen. Können Sie sich den Grund dafür vorstellen?

69. Innere Totalreflexion

Wenn bei der inneren Totalreflexion von Licht – zum Beispiel an einer Grenzschicht von Glas und Luft oder Wasser und Luft – das einfallende Licht im dichteren Medium ist, kann dann das Licht die Grenzschicht durchdringen und in die Luft gelangen?

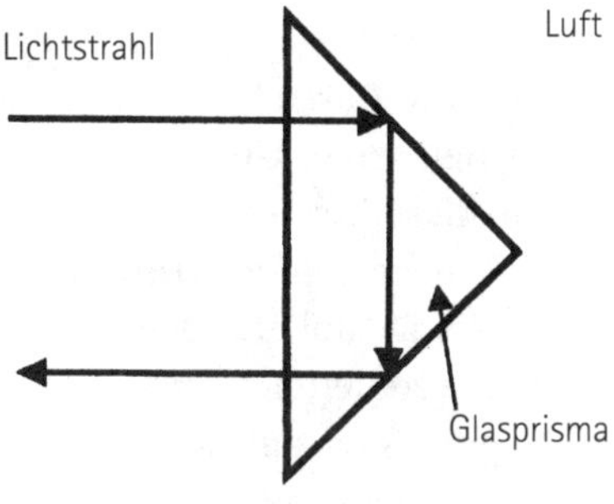

70. Paarvernichtung

Wir wissen, dass Teilchen und ihre Antiteilchen einander vernichten. So können beispielsweise das Elektron und das Positron im Positronium einander vernichten und im Endzustand zwei oder drei Photonen ergeben, je nach dem

Gesamtdrehimpuls des Positroniums. Warum agieren sie so gewaltsam?
Tipp: Warum geschieht irgendein Ereignis in der Natur? Wir wissen, dass die Rate jedes quantenmechanischen Ereignisses nach Fermis goldener Regel proportional der Wahrscheinlichkeit für das Ereignis mal der Dichte der Endzustände ist. Genügt diese Aussage?

71. Ein springender Ball

Wir sehen, wie ein Kind einen Ball aufspringen lässt. Warum springt der Ball nach der Quantenmechanik, die sich ja auf alles, was geschieht, anwenden lässt?

72. Das EPR-Paradoxon

Zuerst eine kurze Erklärung. Es gibt zwar andere Beispiele für das Einstein-Podolsky-Rosen (EPR)-Paradoxon und für Verstöße gegen die Bell'schen Ungleichungen, doch wir entscheiden uns für diese Version, weil wir Ihnen damit konkrete Daten liefern, mit deren Hilfe Sie Ihre eigene Lösung des Paradoxons formulieren können.
Eine Quelle von zwei korrelierten identischen Teilchen mit entgegengesetzten Spins sitzt auf der geraden Linie zwischen zwei identischen Teilchendetektoren. Jeder Detektor kann den Polarisationszustand des eintretenden Teilchens messen und hat drei Polarisationsschalterpositionen (1, 2 und 3) sowie zwei Displaylampen (grün und rot). Jedes Mal, wenn der Experimentator den Knopf drückt, werden die zwei korrelierten Teilchen aus der Quelle in entgegengesetzten Richtungen in die Detektoren geschossen. Die Daten weisen zwei Muster auf: 1. Bei Durchläufen, bei

denen die Schalter der zwei Detektoren in der gleichen Position stehen, leuchten die gleichen farbigen Lampen auf. 2. Bei allen Durchläufen mit beliebigen Schalterstellungen ist das Leuchtmuster völlig zufällig.
Dieses Experiment trifft den Kern der QM und der Anwendung ihrer drei Regeln auf Ereignisse. Wir können auf die klassische Mechanik zurückgreifen, um das erste Muster zu erklären. Nehmen wir an, die beiden Teilchen transportieren die gleichen Befehle, die an den Detektoren umgesetzt werden sollen. Dieses Befehlsset beispielsweise könnte funktionieren: Rot soll bei den Schalterpositionen 1 und 3 aufleuchten, Grün bei Schalterposition 2. Aber dieses klassische Schema mit vorher festgelegten Befehlssets wird beim zweiten Muster nicht klappen. Warum nicht? Welche überraschende Schlussfolgerung ergibt sich daraus?
Wir zeigen hier einen kleinen Ausschnitt aus einem Datensatz für das Experiment. Jeder Eintrag zeigt die Schaltereinstellungen und die Farben der bei jedem Durchlauf aufleuchtenden Lampen. Die Schaltereinstellungen werden von einem Durchlauf zum andern nach dem Zufallsprinzip verändert.

21RR	31 RG	33 GG	11 GG
22RR	12 RG	31 RG	13RG
33GG	13 GR	31 RR	31RG
11 GG	22 GG	33 RR	23GR
23RR	12 RG	32 RG	31 GR

32GR	12 GR	31 RG	23 RG
12GR	22 GG	11 RR	22 RR
12RG	23 GR	23 GR	12 GR
11 GG	33 RR	12 GG	32 GR
12GR	23 GG	21 GR	12 GG
22RR	23 GG	13 GR	31 GG
12GG	33 RR	33 GG	32 RG
33RR	23 GR	11 GG	21 GR
11 RR	21 GG	12 RR	22 GG

73. Informationen und ein Schwarzes Loch

Klassische Informationen und Quanteninformationen sind nicht das Gleiche. Warum? Weil Regel 2 der QM besagt, dass es in der QM eine kohärente Überlagerung von Quantenzuständen geben kann. In der klassischen Physik existiert kein derartiger Zustand. Also heben die Quanteninformationen die klassischen Informationen auf.

Der klassische Informationsgehalt und der Quanteninformationsgehalt in einem System, etwa einem Stuhl, lassen sich durch Standardtechniken der klassischen und der Quanteninformationstheorie bestimmen oder schätzen. Angenommen, der Stuhl wird in ein Schwarzes Loch geworfen. Die Quanteninformationen im Stuhl scheinen mit dem Stuhl im Nirgendwo verschwunden zu sein. Warum sollten wir wegen dieses Informationsverlusts besorgt sein?

IV Quarks und Leptonen – was sonst?

Nachdem die Physiker in den Zwanzigerjahren des vorigen Jahrhunderts die Vorgänge im Inneren des Atoms sowie die Chemie von Atomen und Molekülen mit Hilfe der Quantenmechanik erklärt hatten, versuchten sie in den Dreißiger- und Vierzigerjahren den Atomkern zu verstehen. Rutherford hatte schon 1911 herausgefunden, dass sich praktisch die gesamte Atommasse im Kern befindet, und natürlich wusste jeder Physiker, dass im neutralen Atom die positiven Protonen die negativen Elektronenladungen ausgleichen. Aber was hält den Kern aus positiven Protonen zusammen? In den Siebzigerjahren schließlich wurde die starke Kernkraft mit der Farbwechselwirkung zwischen den Quarks identifiziert. Die zweite Grundkraft, die schwache Wechselwirkung, die für viele Formen des Kernzerfalls verantwortlich ist, wurde bereits vollständig in den Sechzigerjahren erforscht.

Anfang der Achtzigerjahre waren drei der vier fundamentalen Wechselwirkungen zum Standardmodell (SM) von Leptonen und Quarks vereint worden. Nur die Gravitation muss noch in das vereinheitlichte Modell der Natur integriert werden. Die Aufgaben in diesem Kapitel decken das ganze Spektrum der Kern- und Teilchenphysik ab.

74. Die C-14-Datierung

Kohlenstoff-14 entsteht, wenn kosmische Strahlen mit Atomen in der Atmosphäre kollidieren und energiereiche Neutronen erzeugen. Ein solches Neutron kann mit einem Stickstoff-14-Atom (sieben Protonen, sieben Neutronen) kollidieren und ein Kohlenstoff-14-Atom (sechs Protonen, acht Neutronen) und ein Wasserstoffatom (ein Proton, kein Neutron) erzeugen. Kohlenstoff 14 ist radioaktiv und hat eine Halbwertszeit von 5730 Jahren.

Diese C-14-Atome verbinden sich mit Sauerstoff zu Kohlendioxid, das Pflanzen durch Photosynthese in ihre Zellen aufnehmen. Tiere und Menschen essen die Pflanzen und nehmen C-14 ebenso wie das nichtradioaktive Isotop C-12 auf. Man geht davon aus, dass das Verhältnis von C-14 zu C-12 in der Atmosphäre und in allen Lebewesen jederzeit konstant ist – auf 10 Billionen Kohlenstoffatome kommt etwa ein C-14-Atom. Die C-14-Atome zerfallen ständig, und wenn ein Organismus stirbt, werden keine neuen Kohlenstoffatome mehr aufgenommen, und das Verhältnis von C-14-Atomen zu C-12-Atomen nimmt ab.

Die Radiokohlenstoffmethode zur Datierung von lebenden und nicht mehr lebenden Materialien wurde in den Vierzigerjahren des vorigen Jahrhunderts von Willard Libby eingeführt. Die nach der C-14-Methode vorgenommene Datierung archäologischer Funde stimmt mit anderen Datierungen in historischen Aufzeichnungen überein. Erst bei Datierungen von mehrere Jahrtausende alten Funden gibt es Abweichungen. Warum?

75. Kernenergieniveaus

In den Dreißiger- und Vierzigerjahren des vorigen Jahrhunderts konzentrierten sich Physiker, die sich mit den Energiezuständen des Atomkerns befassten, auf verschiedene Modelle, unter anderem auf ein Schalenmodell, das die Schrödinger-Gleichung mit einem annähernd konstanten elektrischen Potenzial im Kern anwandte. Nach diesem Konzept befindet sich jedes Nukleon (Protonen und Neutronen) in einer genau definierten Umlaufbahn im Kern und bewegt sich in einem von allen anderen Nukleonen erzeugten Durchschnittsfeld. Doch obwohl Quantenzustände wie $n = 1$, mit $l = 0, 1, 2, 3$, usw. im Schalenmodell möglich sind, entsprachen die vorhergesagten Energieniveaus nicht den Messdaten. Ja, die konkreten Energieniveaus waren alle durcheinander geraten im Vergleich zu den theoretischen Vorhersagen des Schalenmodells. Warum?

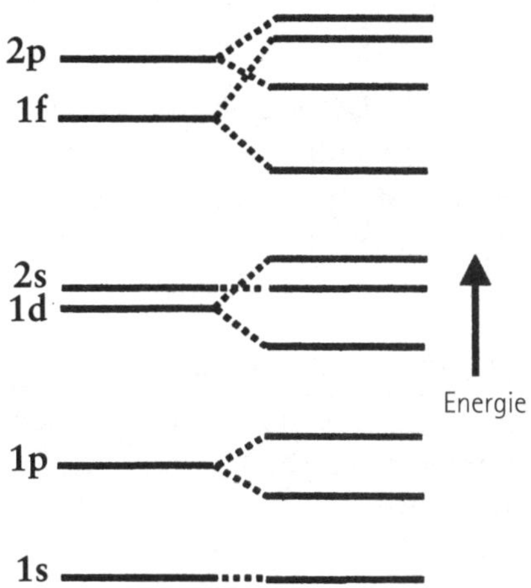

76. Kernsynthese

Der Rekord in der Kernbindungsenergie wird oft Fe-56 zugeschrieben – das heißt, Eisen-56 hat die größte Bindungsenergie pro Nukleon und daher den stabilsten Kern. Die meisten Elemente werden in Sternen durch Kernfusion erzeugt. Angeblich lassen sich die Elemente jenseits von Eisen im Periodensystem, in normalen Brennzyklen von Sternen nicht erzeugen.
Warum nicht? Tatsächlich hört die Elementsynthese nicht bei Eisen auf, denn auch Nickel wird durch Fusion erzeugt. Was geschieht mit den fusionierten Ni-Isotopen?

77. Die Synthese schwerer Elemente

Wenn wir wirklich aus dem »Stoff von Sternen« sind, woher kommen dann alle schwereren Elemente jenseits von Eisen, falls sie nicht in normalen Brennzyklen von Sternen erzeugt werden?

78. Neutronenzerfall

Ein freies Neutron zerfällt mit einer Halbwertszeit von etwa 14,8 Minuten, ist aber stabil, wenn es in einen Kern eingebunden ist. Warum ist das Neutron im Kern stabil?

79. Fein abgestimmter Kohlenstoff?

Wenn ein Stern den Wasserstoffvorrat in seinem Kern schließlich verbraucht hat, kommt es zur Schwerkraftkontraktion, die Temperatur erreicht etwa 10^8 K, und über die Reaktion 3He-4 $\rightarrow$ C-12 + 2 Photonen kann Helium verbrennen. Tatsächlich beruht die Kernsynthese aller für das

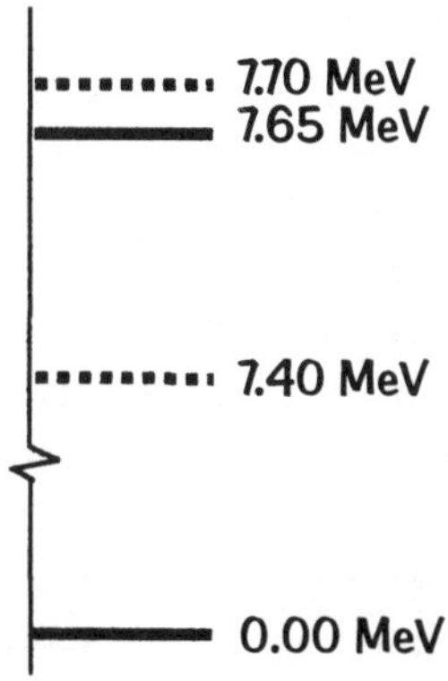

Leben wichtigen schwereren Elemente auf dieser Reaktion. Doch die Chance, dass drei Heliumkerne schnell genug zusammenkommen, um den Kohlenstoffkern zu bilden, ist denkbar gering. Daher kommt es zu dieser kritischen Reaktion denn auch über eine Beryllium-Zwischenstufe, die sich ergibt aus 2He-4 + (99 ± 6) keV → Be-8, gefolgt von Be-8 + He-4 → C-12 + 2 Photonen. Da die Lebenszeit von Be-8 von etwa 10^{-17} Sekunden viel länger als die H-4 + He-4-Kollisionszeit in einem Stern ist, ist das Beryllium lange genug vorhanden, damit die Reaktion stattfinden kann.

Die Gesamtenergie des Be-8-Kerns und eines He-4-Kerns in Ruhe liegt 7,4 MeV über der Energie des Normalzustands des C-12-Kerns. Der radioaktive Zustand von C-12 ist 7,65 MeV über dem Normalzustand. Läge die Energie des radioaktiven Zustands über 7,7 MeV über dem Normalzustand, würde die Bildung von C-12 über die Zwischenstufe Be-8 plus He-4 voraussetzen, dass die Ausgangsstoffe mindestens 0,3 MeV an totaler kinetischer Energie besitzen, was bei den Temperaturen, die in den

meisten Sternen vorherrschen, extrem unwahrscheinlich ist.
Die Bedeutung dieses Prozesses wird von Physikern betont, die sich auf das Anthropische Prinzip berufen, demzufolge gewisse Konstanten der Natur Werte haben, die auf geheimnisvolle Weise genau so abgestimmt sind, dass Leben möglich ist. Andere Wissenschaftler sind in neuerer Zeit noch weiter gegangen und behaupten, diese Bildung von C-12 ließe sich nur durch das Eingreifen eines Schöpfers erklären, der ein besonderes Interesse am Leben habe. Beide Gruppen verweisen darauf, wie nahe die erforderliche Energie dem tatsächlichen Grenzwert komme, 7,7 MeV – 7,65 MeV = 0,05 MeV, also weniger als 1 Prozent von 7,65 MeV – gerade das beweise doch die Feinabstimmung. Warum ist ihre Argumentation im Hinblick auf diesen Prozess der Bildung von Kohlenstoff zweifelhaft?

80. Der Proton-Proton-Zyklus

Die thermonuklearen Reaktionen im Proton-Proton-Zyklus im Inneren der Sonne wandeln vier Protonen in ein Alphateilchen, zwei Positronen, zwei Elektron-Neutrinos und zwei Photonen um und setzen dabei eine Energie von 26,7 MeV frei. Zuerst kollidieren zwei Protonen und bilden ein Deuteron H-2, dann kollidiert dieses Deuteron mit einem Proton, sodass He-3 entsteht, und schließlich müssen zwei He-3-Kerne einander finden und miteinander kollidieren, damit ein He-4-Kern entsteht. Die Gesamtdarstellung dieses Proton-Proton-Zyklus lautet:

$$4\mathrm{H} \rightarrow \mathrm{He\text{-}4} + 2e^{+} + 2\nu + 2\gamma.$$

Die sechs Photonen, die letztlich erzeugt werden, einschließlich der vier 0,511-MeV-Photonen aus zwei Positron-Elektron-Annihilationen, erreichen die Sonnenoberfläche etwa nach einer Million Jahren, um schließlich als sichtbare Photonen emittiert zu werden, die weitere rund acht Minuten benötigen, um die Erde zu erreichen. Die beiden Neutrinos entfernen etwa 3 Prozent der Energie, um die Gleichung der Energieerhaltung auszugleichen und die Anzahl der Leptonenfamilie zu erhalten.

Die Verbrennung von Wasserstoff ist zwar die primäre Quelle unserer Sonnenenergie, aber eben nicht die primäre Methode für die Fusionsenergie in vielen Sternen. Warum nicht? Welche Reaktionsabfolge herrscht bei ihnen vor?

81. Der Kernreaktor von Oklo

In den Siebzigerjahren des vorigen Jahrhunderts wurden Uranproben aus dem Uranbergwerk Oklo im afrikanischen Staat Gabun entdeckt, die abnorm hohe Konzentrationen des Isotops U-235 aufwiesen, nämlich bis zu 3 Prozent, während in einer natürlichen Quelle mit nur etwa 0,72 Prozent zu rechnen ist. Anscheinend lässt sich die hohe Konzentration von U-235 damit erklären, dass die Uranlager in Oklo als natürlicher Kernreaktor fungierten. Könnte dieser natürliche Reaktor ein Brüter sein, der sein eigenes Pu und U-235 erzeugt?

82. Menschliche Radioaktivität

Strahlungsdosen werden in Milli-Sievert (mSv) angegeben. Diese (internationale) SI-Einheit berücksichtigt Art, Intensität und Dauer der Strahlung, Menge und Art des

bestrahlten Körpergewebes sowie die unterschiedliche Strahlungsempfindlichkeit des bestrahlten Gewebes. Die durchschnittliche natürliche Hintergrunddosisrate beträgt in vielen Ländern 1-5 mSv pro Jahr. Bei medizinischen Behandlungen werden im Durchschnitt weitere 0,5 bis 0,7 mSv pro Jahr freigesetzt. Der derzeit in vielen Ländern empfohlene Grenzwert für berufsbedingte Strahlenbelastung beträgt im Durchschnitt etwa 20 mSv pro Jahr, ermittelt in fünf aufeinanderfolgenden Jahren.
Der Körper eines normalen Erwachsenen weist eine innere Strahlungsdosis aufgrund der in ihm natürlich vorkommenden Mengen von radioaktiven Elementen auf, deren Hauptanteil etwa 40 Milligramm radioaktives Kalium ausmachen, in Form des Isotops K-40, das eine Halbwertszeit von etwa 1,3 Gigajahren hat. Dieses Isotop ist nicht etwa das Ergebnis einer künstlichen Radioaktivität, sondern ein Überbleibsel aus der Fusion von Kalium in den Supernovae, aus deren Materie unser Sonnensystem vor rund 5 Milliarden Jahren entstanden ist. In dieser Zeit konnte das radioaktive Kalium noch nicht zur Gänze zerfallen – daher ist davon noch so viel in unserem Körper vorhanden. Da stellt sich natürlich die Frage, ob diese interne radioaktive Quelle von K-40 unseren Körper über die empfohlene Grenze hinaus belastet. Und: Wird die Grenze überschritten, wenn mehrere Menschen auf engstem Raum zusammenstehen?

83. Kernkraft – voller Überraschungen

Welche der folgenden Aussagen ist wahr?
1. Ein typisches Kohlekraftwerk gibt mehr radioaktive Materialien an die Luft ab als ein typisches Kernkraftwerk.

2. Würde man den gesamten Nuklearabfall gleichmäßig auf der Erdoberfläche verteilen, würde sich am Niveau der Hintergrundstrahlung kaum etwas ändern.

84. Kalte Fusion

Ist die kalte Fusion – also die Verschmelzung von zwei Deuteriumkernen etwa bei Raumtemperatur – eine denkbare Möglichkeit, oder kann dieser Prozess allein durch theoretische Argumente ausgeschlossen werden?

85. Die Kernspaltung von U-235

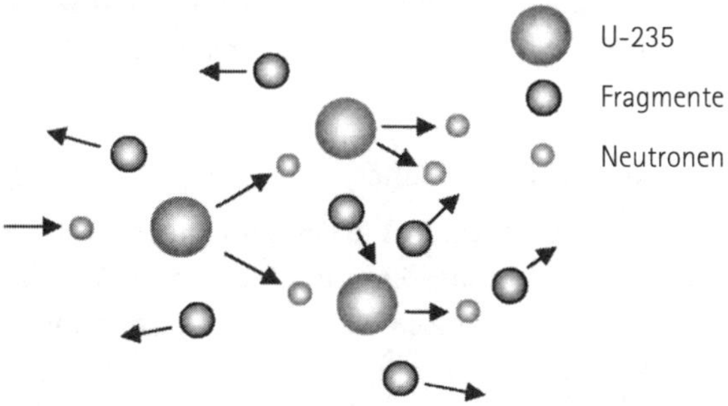

Im Zweiten Weltkrieg arbeiteten die Deutschen ebenso wie die Alliierten an der Entwicklung von Kernwaffen. Die Masse von U-235, die für eine Kernspaltungswaffe mindestens erforderlich ist, lässt sich anhand von heutigen kernphysikalischen Datenblättern errechnen. Dieser Wert gibt die Menge an, die benötigt wird, wenn die durch die Spaltung von U-235 erzeugten Neutronen auf stationäre Zielkerne treffen. Aus zwei wichtigen Gründen ist das Problem viel schwieriger. Kennen Sie diese Gründe?

86. Mini-Atombombe

Wie viel Masse an reinem U-235 oder Pu-239 ist für einen atomaren Sprengkörper mindestens erforderlich? Was schätzen Sie?

87. Große Kerne

Werden kleine Kerne angeregt und deformiert, verlieren sie ihre Energie, indem sie in kleinere Fragmente zerfallen. Ein größerer Kern, mit 150 oder mehr Nukleonen, speichert seine Anregungsenergie größtenteils als Rotationsenergie. Während sich diese Kerne verlangsamen und abregen, verlieren sie Energie und kehren in den Grundzustand zurück. Was emittieren diese Kerne, und wie würden Sie das Energiespektrum charakterisieren?

88. Das menschliche Gehör

Unser Trommelfell reagiert auf Verschiebungen, die kleiner sind als der Durchmesser eines Atomkerns. Wie lassen sich solche winzigen Verschiebungen mit Hilfe von Kernphysiktechniken messen?

89. Der sibirische Meteorit von 1908

In einem Artikel der Zeitschrift *Sky & Telescope* vom Januar 1984 behauptet der Autor Andrew Chakin:
»Eine Grande Dame unter den wissenschaftlichen Sensationen – das Ereignis von Tunguska – wurde im vergangenen Sommer 75. Ihrem Charme erliegen noch immer Wissenschaftler wie Scharlatane, die zu erklären hoffen, was am 30. Juni 1908 in einer abgelegenen Gegend der

sibirischen Taiga geschah. Aufgrund der Berichte von Augenzeugen weiß man nur, dass eine Feuerkugel, die beinahe so hell wie die Sonne war, aus einem wolkenlosen Morgenhimmel zur Erde schoss. Der Aufprall des Boliden wurde abrupt beendet durch eine Explosion, die so stark war, dass sie von Erdbebenmessstationen in ganz Eurasien registriert wurde. Die daraus resultierende Schockwelle umrundete zweimal die Erde.«
Dem Artikel zufolge soll 1908 in Sibirien ein großer Meteorit in den Wald eingeschlagen sein, gewaltige Brände verursacht und einen viele Kilometer langen Krater hinterlassen haben – aber irgendwelche Gesteinstrümmer wurden nie gefunden.
Als Willard Libby und Edward Teller 1963 die Jahresringe alter Bäume, die seit 1908 existiert hatten, nach der Radiokarbonmethode untersuchten, erhielten sie wichtige Aufschlüsse über die Zusammensetzung des Meteoriten. Was könnten die Daten ergeben haben?

90. Das Standardmodell

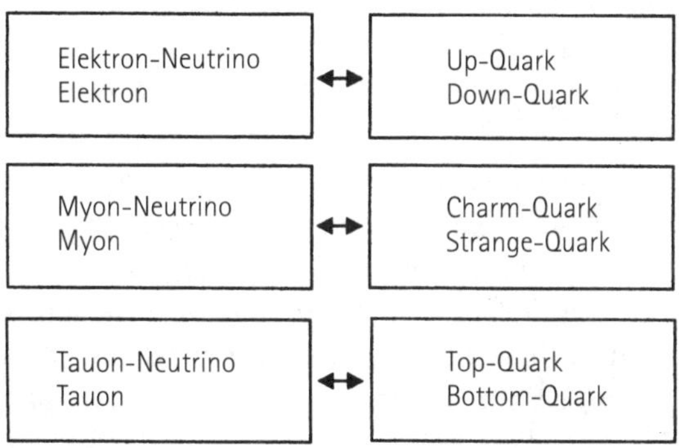

Das Standardmodell (SM) der Elementarteilchen hat sich als das erfolgreichste physikalische Modell erwiesen. Es enthält sechs Leptonen-Paare in drei Leptonenfamilien und sechs Quarks in drei Quark-Familien, wobei die Quarks in drei verschiedenen Farben vorkommen. Diese Kombination von drei zu drei ist ästhetisch angenehm, und in mathematischer Hinsicht schließt sie in Berechnungen der Quantenfeldtheorie Unendlichkeiten aus, wie sie sich aus der berühmten Dreiecksanomalie ergeben würden. Wie wichtig diese Familienkombination auch sein mag – können Sie ein grundlegendes physikalisches Argument für die spezielle Kombination der ersten Leptonenfamilie mit der ersten Quarkfamilie, der zweiten Leptonenfamilie mit der zweiten Quarkfamilie usw. vorbringen?

91. Spontane Symmetriebrechung

Der Begriff der spontanen Symmetriebrechung wurde erstmals von Werner Heisenberg zur Beschreibung ferromagnetischer Materialien eingeführt. Ein Ferromagnet hat so lange eine perfekte geometrische Symmetrie, bis die Curie-Temperatur erreicht ist – dann wird das Material magnetisiert und eine bestimmte Magnetisierungsorientierung festgelegt. In der Theorie herrscht zwar noch immer Symmetrie vor, aber das konkrete Material ist nicht symmetrisch. Man kann den Prozess in der Aussage zusammenfassen, dass mikroskopische Vorgänge makroskopische Konsequenzen haben können. In der Nähe des kritischen Punkts eines Phasenübergangs können kleine, zufällige Schwankungen zunehmen und sich im ganzen Material bemerkbar machen. Ein paar ausgerichtete Spins können

ihren Einfluss durch den ganzen Kristall fortsetzen, und die Symmetrie ist gebrochen.
Andere Beispiele sind die Schrödinger-Gleichung und die Maxwell'schen Gleichungen. So hilfreich sie auch zur Beschreibung der Natur sind, besitzen diese Gleichungen doch mehr Symmetrie als die Phänomene, die sie beschreiben. Seit man sich für ihre Symmetrie brechenden Anwendungen interessiert, ergeben sich bedeutsame neue Erkenntnisse über neue Zusammenhänge zwischen makroskopischen und mikroskopischen Phänomenen.
In der Teilchenphysik wird die spontane Symmetriebrechung durch den Higgs-Mechanismus herbeigeführt. Das Standardmodell der Leptonen und Quarks beruht darauf, dass das Higgs-Teilchen spontan die Symmetrie bricht, sodass sich drei elektroschwache Bosonen mit Masse ergeben, während das Photon masselos bleibt. Gleichzeitig erhalten alle Leptonen und Quarks ihre Massewerte. Darüber hinaus bewirkt das Higgs-Feld, dass sich ein Bezugssystem im Vakuum für die isotopischen Spin-Richtungen ergibt, nach denen sich die Teilchen jeder Gruppierung unterscheiden – zum Beispiel Neutronen von Protonen.
Ist die spontane Symmetriebrechung durch den Higgs-Mechanismus die einzige Möglichkeit? Gibt es andere Möglichkeiten, um die Symmetrie spontan zu brechen und so zum Standardmodell der Leptonen und Quarks zu gelangen?

92. Die Protonenmasse

Kate stellt anhand der Tabelle der fundamentalen Leptonen und Quarks fest, dass die Massen der Up- und Down-Quarks jeweils $\sim 5\ \mathrm{MeV}/c^2$ betragen. Doch das Proton, das sich aus zwei Up-Quarks und einem Down-Quark zusammensetzt und damit die Kombination uud aufweist, hat eine enorme Masse von 938 MeV/c^2. Sie wundert sich, warum ein so großer Massenunterschied zwischen den Bestandteilen und dem Endprodukt besteht.

93. Rechts- und linkshändige Neutrinos?

Neutrinos sind Leptonenfamilienpartner für das Elektron, das Myon und das Tauon im Standardmodell der Elementarteilchen. Jedes Neutrino gilt als unterschiedlich – das Elektron-Neutrino beispielsweise ist anders als das Myon-Neutrino. Inzwischen wissen wir jedoch, dass jeder Neutrinotypus in der Leptonenfamilie eine ganz kleine Masse hat und eigentlich eine lineare Kombination von drei fundamentalen Neutrinozuständen ist: v_1, v_2 und v_3.
Bei der schwachen Wechselwirkung gibt es den linkshändigen Dublett-Zustand $| |v_L, e_L >$ und die zwei rechtshändigen Singulett-Zustände $| |v_R$ und $|e_R >$, was zur Folge hat, dass die rechtshändigen Zustände zwar in Wechselwirkung mit dem Z^0-Boson stehen, aber nicht an der von den W^+- und W^--Bosonen vermittelten schwachen Wechselwirkung beteiligt sind. Das linkshändige Dublett interagiert mit allen drei schwachen Bosonen. Muss man sich hier mit der Erklärung begnügen: »So verhält sich die Natur nun einmal«, oder gibt es eine andere fundamentale Ursache für linkshändige Dublett- und rechtshändige Singulett-Zustände?

94. Eine Physik ohne Gleichungen

In den Vierzigerjahren des vorigen Jahrhunderts gehörten John von Neumann und Stanislaw Ulam zu den ersten Forschern, die darüber nachdachten, wie sich natürliche

Zellautomaten-Regel 30 für 50 Schritte

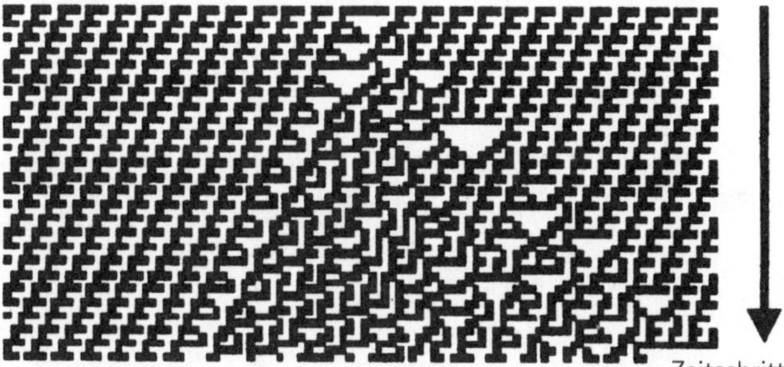

Phänomene anhand von zellularen Automaten und Computern verstehen lassen. Zellulare Automaten (CA) basieren darauf, dass benachbarte Zellen in einem 1-D-, 2-D-, 3-D- usw. Raster von Zellen (oder Knoten) bei jedem Ticken der Uhr nach vorgegebenen Regeln neue numerische Werte annehmen. Der zukünftige Zustand jeder Zelle wird nur durch den gegenwärtigen Zustand seiner lokalen Nachbarschaft bestimmt. Man kann sogar die äußere Uhr weglassen und dennoch eine Progression von Zuständen innerhalb des CA-Rasters aufrechterhalten, um das Vergehen der Zeit zu simulieren.
Manche Leute behaupten, die gesamte Natur werde irgendwann auf Computern mit Hilfe von zellularen Automaten simuliert werden. Gewiss, Flüssigkeitsströmungen und andere umfangreiche Systeme in der Natur lassen sich bis zu einem akzeptablen Grad von CA simulieren. Aber bei der Bewegung von Elektronen und anderen fundamentalen Teilchen kommen die Quantenmechanik und die fundamentalen Wechselwirkungen ins Spiel. Wie werden sich diese Teilchen bei der CA-Technik verhalten?

V Das kosmologische Spiel

Bis zu den Zwanzigerjahren des vorigen Jahrhunderts wusste niemand, dass wir Sterne außerhalb unserer eigenen Galaxie, der Milchstraße, sehen. Als Edwin Hubble 1927 festgestellt hatte, dass extragalaktische Galaxien existieren und Rezessionsgeschwindigkeiten aufweisen, die proportional zu ihrer Entfernung von uns sind, hatte das kosmologische Spiel begonnen. Die Regeln dieses Spiels waren bereits 1916 von Einstein mit seiner allgemeinen Relativitätstheorie (ART) aufgestellt worden. Nachdem eine ihrer Hauptvorhersagen bestätigt worden war, als man die Ablenkung von Sternenlicht analysiert hatte, das die Sonne während der totalen Sonnenfinsternis von 1919 passierte, wusste man, dass es nun solide theoretische Grundlagen gab. Aber erst in den Neunzigerjahren lagen gewaltige Datenmengen über ferne Objekte vor, dank der im Orbit kreisenden Satelliten wie dem Hubble-Weltraumteleskop und dem COBE-Mikrowellendetektor sowie einer neuen Generation terrestrischer Teleskope. Seither ist die wissenschaftliche Kosmologie nicht mehr nur auf Vermutungen angewiesen, sondern kann Modelle des Universums konkret überprüfen. Im Folgenden stellen wir eine Auswahl an Aufgaben aus einem riesigen Spektrum vor.

95. Das Olbers-Paradoxon

Als Jan spätabends mit seinem Hund spazieren ging, schaute er nach oben und erblickte einen bemerkenswert klaren Nachthimmel. Im Nu ging ihm eine berühmte Frage durch den Sinn: »Warum ist der Himmel nachts dunkel?« Als Ingenieur gelangte er zu folgender Überlegung: Wenn das Universum gleichförmig mit Sternen gefüllt wäre, dann würden ihre hintereinander stehenden Kugelschalen gleich große Flächen abdecken und der Himmel wäre von Licht aus allen Richtungen hell erleuchtet. Und doch bleibt der Nachthimmel dunkel. Wie lässt sich dieses Paradoxon auflösen?

96. Der Scheinwerfereffekt

Wir leben in einem Universum, in dem sehr ferne Sterne enorme kosmologische Rotverschiebungen ihres Lichts aufweisen. Diese Tatsache wird als eine kosmologische Ausdehnungsgeschwindigkeit interpretiert, die an die Lichtgeschwindigkeit heranreicht. Ungewöhnliche relativistische Effekte lassen sich beobachten, wenn man solche sich schnell bewegenden Lichtquellen betrachtet. Wir wollen uns hier mit einer eher lokalen Version befassen.

Nehmen wir an, Sie stehen neben einer geraden Teststrecke, auf der sich ein Fahrzeug mit einem Scheinwerfer bewegt, dessen Licht kegelförmig mit einem Scheitelwinkel von 45 Grad nach vorn strahlt. Früher haben Sie immer das Licht gesehen, wenn sich das Fahrzeug näherte. Eines Tages kann das Fahrzeug zum ersten Mal seine höchste Geschwindigkeit erreichen: v = 0,9999-mal die Lichtgeschwindigkeit. Aber dieses Mal sehen Sie das Licht nicht, wenn sich das Fahrzeug nähert. Warum nicht? Sehen Sie das Fahrzeug, wenn es vorbeirast und dann in der Ferne verschwindet? Angenommen, ein ferner Stern oder eine ferne Galaxie nähert sich Ihnen mit dieser Geschwindigkeit. Was würden Sie sehen? Und was, wenn sich der Stern zurückzieht?

97. Verständigungsschwierigkeiten

Bei späteren Problemen werden wir dem Verhalten von Licht in der Nähe eines Schwarzen Lochs begegnen, besonders dem Umstand, dass es unmöglich ist, aus einem Schwarzen Loch zu entkommen. Das heißt, wenn Sie in einem Schwarzen Loch gefangen und noch am Leben sind, können Sie nicht mit Ihren Freunden draußen kommunizieren, weil nichts hinauskommt.
Einstweilen wollen wir uns mit einem verwandten Problem in einem normalen Bereich des Weltalls befassen. Nehmen wir an, Sie und Ihr Freund befinden sich in getrennten Raumschiffen, die nebeneinander losfliegen und in Bezug auf die Sterne in entgegengesetzten Richtungen beschleunigen. Sie beide halten über intensive, nicht divergierende Laserstrahlen mit stetig pulsierendem Licht Verbindung zueinander. Aber Ihre relative Geschwindigkeit nimmt mit jeder Sekunde zu, während die Entfernung voneinander immer schneller wächst. Wird zu irgendeinem Zeitpunkt keiner von Ihnen beiden den Lichtstrahl des anderen empfangen?

98. Lokale Beschleunigungen

Einstein formulierte 1915 auf der Grundlage seines Äquivalenzprinzips die allgemeine Relativitätstheorie (ART). Auch nach der Newton'schen Mechanik kann ein gleich-

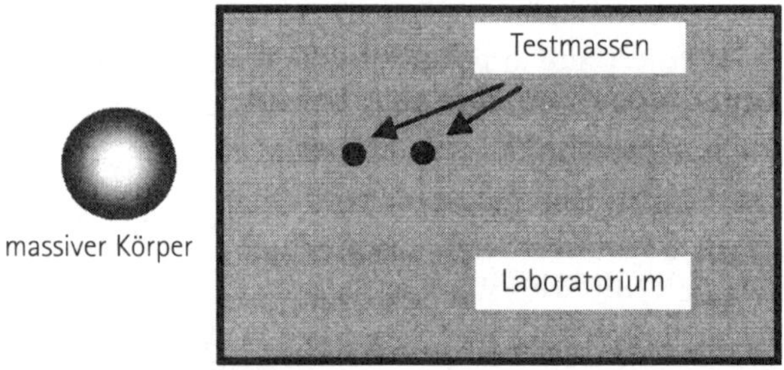

förmiges Gravitationsfeld der Stärke g im Inneren eines starren Laboratoriums in einer völlig schwerkraftfreien Region des Weltalls exakt simuliert werden, indem dieses Laboratorium mit einer konstanten Beschleunigung g m/s^2 relativ zu einem Trägheitssystem beschleunigt wird. Wenn man zwei kleine Testmassen freisetzt, zeigt ihr Verhalten an, wie ihre physikalische Umwelt beschaffen ist.
Nehmen wir nun an, in der Nähe des starren Laboratoriums befindet sich ein unsichtbarer massiver Körper. Welche Verhaltensweisen der zwei kleinen Testmassen werden seine Anwesenheit verraten?

99. Das Zwillingsparadoxon

Zwei Zwillinge sind fünf Jahre alt, als einer von ihnen in einem Raumschiff ausgesandt wird, das fast mit Lichtgeschwindigkeit dahinfliegt, während der andere auf dem Raumschiff Erde zurückbleibt. Nach 50 Erdenjahren kehrt das Raumschiff zurück. Die Zwillinge begrüßen einander und vergleichen ihre Erlebnisse miteinander. Wir wissen, dass der Zwilling, der diese enormen Beschleunigungen erfahren hat, langsamer altert und bei seiner Rückkehr zur Erde viel jünger als 55 ist. Wie lässt sich das Altern des

Zwillings während der Beschleunigungen mit der allgemeinen Relativitätstheorie erklären?

100. Die Zwillingsuhren

Dieses Problem wurde in den Sechzigerjahren des vorigen Jahrhunderts von Richard P. Feynman gestellt, als einer von uns (F. P.), damals noch Student, mit ihm nach Malibu in Kalifornien fuhr, wo er einmal in der Woche eine Physikvorlesung hielt. Auch der dritte Mitfahrer im Auto, B. Winstein, der damals gerade sein Physikstudium abgeschlossen hatte, beteiligte sich an einer Diskussion, die ziemlich komplex wurde.

Und hier das Problem: Charlotte hält in jeder Hand zwei identische ideale Uhren in der gleichen Höhe. Während sie die eine Uhr mit der linken Hand festhält, wirft sie die andere gerade nach oben in die Luft. In dem Augenblick, in dem sich die nach oben fliegende Uhr neben der anderen in der gleichen Höhe über dem Boden befindet, sieht Charlotte, dass beide Uhren synchron laufen und exakt die gleiche Zeit anzeigen. Als die eine Uhr sich wieder im freien Fall nach unten bewegt, liest Charlotte die Zeit auf beiden Uhren ab, als sie sich erneut nebeneinander in gleicher Höhe über dem Boden befinden. Angenommen, die sich bewegende Uhr befindet sich immer im freien Fall, was zeigen dann Ihrer Meinung nach beide Uhren an?

101. GPS-Satelliten

Das Globale Positionsbestimmungssystem (GPS) ist ein modernes Wunder: Ein Netz von mindestens 24 Satelliten, die sich alle in einem 12-Stunden-Orbit in einer Höhe von etwa 20200 Kilometern befinden, saust mit ungeheurer Geschwindigkeit um die Erde. Jeder Satellit kennt seine eigene Position und sendet Signale mit dieser Information aus. Der mobile GPS-Empfänger errechnet aus den Signalen von mindestens vier verschiedenen Satelliten seine eigene Position auf wenige Meter genau, mit Hilfe eines lokalen Referenzsignals. Doch binnen weniger Minuten würde die Genauigkeit um viele Kilometer abnehmen, wenn nicht eine von Einsteins Entdeckungen ein wesentliches Element in den Berechnungen des GPS wäre. Welche Entdeckung ist hier gemeint?

102. Die Rotverschiebung der Sonne

Das von der Sonne ausgestrahlte Licht weist eine Rotverschiebung der Spektrallinien auf, obwohl sich unsere Entfernung zur Sonne während der Messung nicht verändert. Warum?

103. Körper auf Umlaufbahnen

Wenn ein Körper wie ein Planet einen massiveren Körper wie die Sonne umrundet, ist die Umlaufbahn nicht in sich geschlossen, wie man dies nach dem Newton'schen Gravitationsgesetz und nach Keplers Gesetzen erwarten würde. Die allgemeine Relativitätstheorie (ART) errechnet den korrekten Wert für diese Präzession der Umlaufellipse, wobei sich ihre komplizierten Gleichungen auf eine Gleichung reduzieren, die in ihrer Form der des klassischen Kepler-Problems ähnelt, mit einem zusätzlichen quadratischen Term, der die Präzession verursacht. Können Sie die Präzession der Ellipse anhand der ART begründen?

104. Die Gravitationslinse

Bei der Erforschung des Universums bedienen sich Astronomen der Technik der so genannten Gravitationslinse, um das Licht ferner Sterne und Planeten zu beobachten. Angeblich kann der Weltraum selbst als Linse für Lichtstrahlen fungieren. Wie kann die Leere des Weltalls – des Vakuums an sich – um Sterne und Galaxien Licht fokussieren?

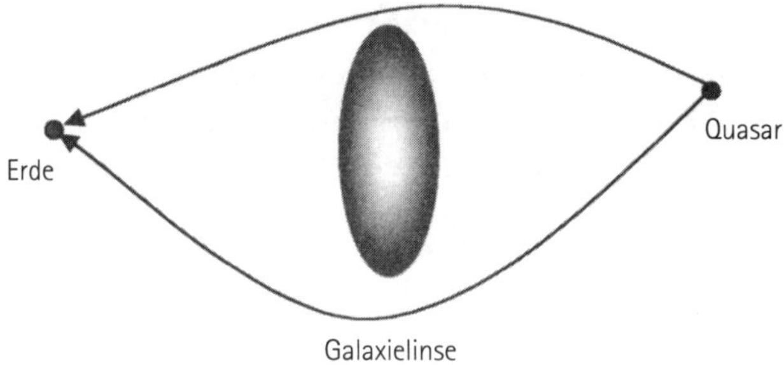

105. Kosmologische Rotverschiebungen

Das Licht von einer fernen Galaxie kann eine erhebliche kosmologische Rotverschiebung aufweisen. Wenn die kosmologische Rotverschiebung nicht eine Geschwindigkeits-Rotverschiebung ist, welche Ursache hat sie dann? Lassen sich die beiden Effekte voneinander unterscheiden, indem man das Spektrum der Galaxie oder einer anderen Lichtquelle beobachtet?

106. Die Hypothese der Lichtermüdung

Seit den Zwanzigerjahren des vorigen Jahrhunderts versucht eine populäre Hypothese die kosmologische Rotverschiebung als Effekt der so genannten Lichtermüdung zu erklären. Danach verliere das Licht an Energie, wenn seine Photonen durchs Weltall rasen, und werde mit zunehmender Entfernung müder, so wie ein Langstreckenläufer gegen Ende eines Wettlaufs. Mit welchen zwei speziellen Gegenbeweisen lässt sich diese Erklärung der kosmologischen Rotverschiebung widerlegen?

107. Entropie im Schwarzen Loch

Ein Schwarzes Loch hat eine Entropie, die proportional zu seiner Oberfläche ist, also muss es eine Temperatur über dem absoluten Nullpunkt haben. Wie ließe sich diese Temperatur nachweisen?

108. Wenn Schwarze Löcher kollidieren

Zwei Schwarze Löcher kollidieren frontal. Werden sie sich zu einem einzigen Schwarzen Loch vereinen?

109. Das Paradoxon der Zentrifugalkraft

Die allgemeine Relativitätstheorie sagt voraus, dass die Zentrifugalkraft unter bestimmten Umständen zum Zentrum der Kreisbewegung und nicht von ihm weg gerichtet sein kann. Ja, wenn ein Astronaut ein Raumschiff genügend nahe an ein Schwarzes Loch steuern könnte, würde er spüren, wie ihn eine Zentrifugalkraft nach innen statt nach außen schiebt – also im Gegensatz zur Alltagserfahrung! Wie ist dieses ungewöhnliche Verhalten zu erklären?

110. Geodätische Linien und Lichtstrahlen

In der konventionellen Geometrie ist eine geodätische Linie die kürzeste Verbindung zwischen zwei Punkten auf einer Kugeloberfläche. Wenn man Einführungen in die Relativitätstheorie liest, begegnet man oft Aussagen, die im Widerspruch zur intuitiven Anschauung zu stehen scheinen, wie die folgenden: »In jeder Raum-Zeit, mit oder ohne ein Gravitationsfeld, bewegt sich das Licht stets entlang geodätischer Linien und folgt damit der Geometrie der Raum-Zeit.« Und: »In einem von einem Gravitationsfeld verzerrten Raum sind die Lichtstrahlen gekrümmt und fallen im Allgemeinen nicht mit geodätischen Linien zusammen.« Warum stehen diese Formulierungen, die der allgemeinen Relativitätstheorie entnommen sind, eigentlich nicht im Widerspruch zueinander?

111. Die Rotation von Galaxien

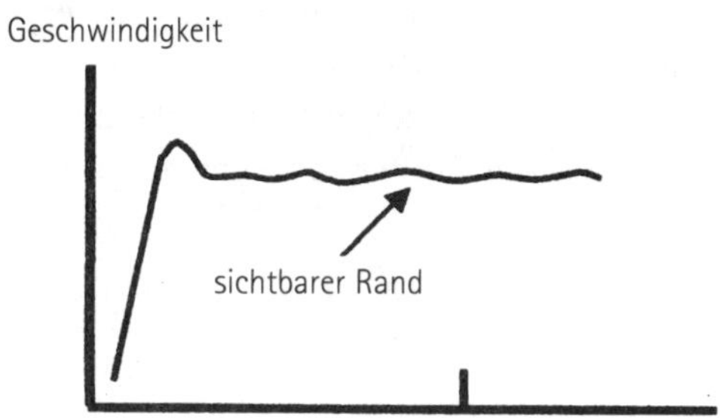

Eine der größten Überraschungen in der Astronomie stellt das Rotationsverhalten von Galaxien dar – alle Sterne in der galaktischen Scheibe drehen sich ungefähr mit der gleichen Tangentialgeschwindigkeit! Damit kommt es unmittelbar zu zwei Konflikten mit der konventionellen Physik: 1. Nach dem Newton'schen Gravitationsgesetz und nach Keplers Gesetzen müsste die Sterngeschwindigkeit mit zunehmendem Radius vom galaktischen Kern abnehmen, wie es bei den Planeten des Sonnensystems der Fall ist. 2. Wenn die Spiralarme einer Spiralgalaxie ihre Form für mindestens zehn vollständige Umdrehungen bewahren sollen, wie sie das bei der Milchstraße tun, muss etwas verhindern, dass sie immer wieder verzerrt werden. Wenn man annimmt, dass sich das universale Newton'sche Gravitationsgesetz auf diese galaktischen Probleme anwenden lässt, mit welchem allgemeinen Typus der Masse-Energie-Verteilung muss dann die Rotationsgeschwindigkeitskurve erklärt werden? Fallen Ihnen noch weitere Hypothesen ein?

112. Die kosmische Hintergrundstrahlung

Die kosmische Hintergrundstrahlung wurde erstmals in den Sechzigerjahren des vorigen Jahrhunderts im Mikrowellenbereich entdeckt und weist ein vollkommenes Spektrum eines schwarzen Körpers auf, das der Strahlung aus

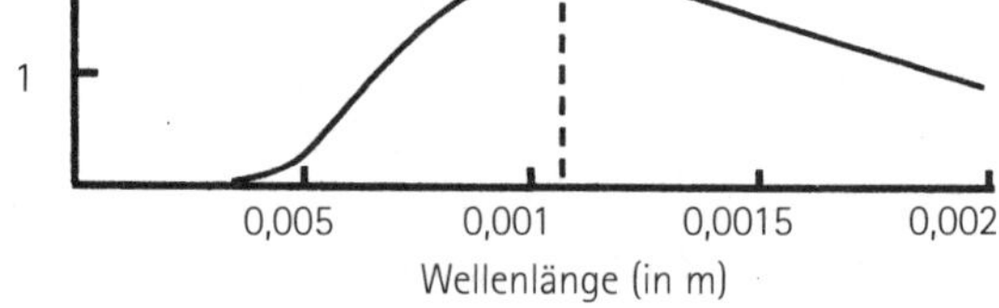

einer Quelle bei einer Temperatur von 2,72 K entspricht. Nun würde man erwarten, dass in den vergangenen rund 10 Milliarden Jahren im gesamten Universum jede Menge von restlichem Sternenlicht in allen Teilen des elektromagnetischen Spektrums emittiert wurde. Doch diese Mikrowellen-Hintergrundstrahlung hat nichts mit diesem von Sternen emittierten Licht zu tun. Wieso können wir dieses Sternenlicht ausschließen?

113. Planetenabstände

Für manche Menschen scheinen die Radien der Umlaufbahnen der Planeten im Sonnensystem einem regelmäßigen Muster zu folgen. Ursprünglich, bevor Pluto entdeckt wurde, nannte man dieses Muster die Titius-Bode-Reihe. Nach diesem numerischen Schema ist die große Halbachse einer Planetenumlaufbahn $a = 0{,}4 + (0{,}3)\ 2^n$, wobei n bei Merkur negativ unendlich, bei Venus null ist und bei jedem folgenden Planeten um jeweils eine ganzzahlige Einheit zunimmt. Neptun passt allerdings nicht in dieses Schema, für das es wohl auch keine physikalische Grundlage gibt.
In den Neunzigerjahren des vorigen Jahrhunderts wandte Laurent Nottale die Chaostheorie auf Systeme an, die der

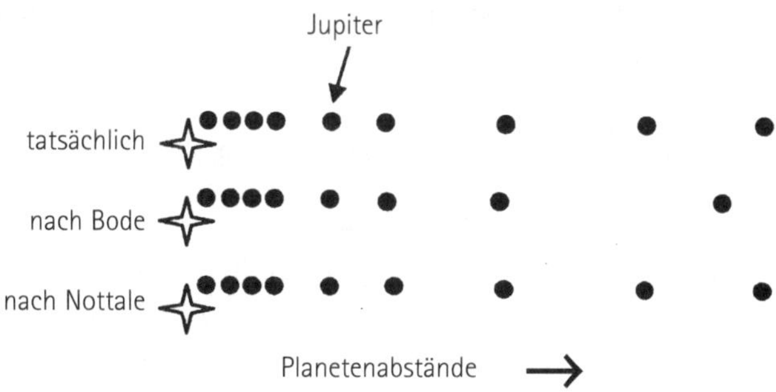

Gravitation unterworfen sind. Dabei fand er heraus, dass die Abstände zwischen den Planetenbahnen, einschließlich der von Pluto und der Hauptsatelliten der Riesenplaneten, einem numerischen Schema folgen, wobei ihre Orbitalradien den Quadraten ganzer Zahlen (n^2) extrem genau proportional sind! Die Planeten lassen sich in zwei Gruppen einteilen, und zwar in die inneren Planeten Merkur, Venus, Erde und Mars, die sich bei n = 3, 4, 5 bzw. 6 befinden, und in die äußeren Planeten, die mit Jupiter bei n = 1 beginnen. Die zwei Reihen lassen sich zu einer Reihe verbinden, die mit Merkur bei n = 3 beginnt. Jupiter befindet sich dann bei n = 10 und so fort. Das Fehlen von Planeten bei manchen ganzen Zahlen kann auf die Geschichte des Sonnensystems zurückgeführt werden und deutet nicht darauf hin, dass die Vorhersage falsch ist.
Andere Forscher behaupten, Nottales Zahlenreihen seien nicht die einzigen, und mehrere alternative Reihen von ganzen Zahlen würden ausgezeichnete Treffer aufweisen, sodass sich die Frage stellt, ob es bei den Orbitalabständen tatsächlich ein einzigartiges Muster gibt. Außerdem sind Orbitalresonanzen bei den Satelliten der Riesenplaneten bekannt, die einige der scheinbaren Muster in den Satellitenabständen verursachen.
Wie würden Sie feststellen, ob diese angeblichen Muster physikalisch von Bedeutung oder schlicht Zahlenspielereien sind?

114. Die Entropie im Urknall

»Erinnern wir uns, dass der uranfängliche Feuerball ein *thermischer* Zustand war – ein expandierendes heißes Gas im thermischen Gleichgewicht. Erinnern wir uns außerdem, dass der Ausdruck ›thermisches Gleichgewicht‹ sich auf einen Zustand *maximaler* Entropie bezieht ... Der zweite Hauptsatz verlangt jedoch, dass die Entropie des Universums in dessen Anfangszustand eine Art *Minimum* bildete und nicht ein Maximum!« Wie würden Sie dieses Paradoxon auflösen, das Roger Penrose hier dargestellt hat?

115. Gravitationswellendetektoren

Radiowellendetektoren werden geeicht, indem man Radiowellen von einem mehrere Wellenlängen und weiter entfernten Sender aussendet. Warum kann man Gravitationswellendetektoren nicht nach dem gleichen Prinzip bauen? Schließlich könnte man doch zwei große Massen auf den gegenüberliegenden Seiten einer rotierenden Plattform anbringen und sie herumwirbeln lassen – dann hat man ja eine Gravitationswellenquelle, um einen Detektor zu eichen.

116. Der gekrümmte Raum

Die allgemeine Relativitätstheorie (ART) ist bei lokalen Distanzen überprüft und verifiziert worden. Wir wissen, dass die ART die Rotationskurven von Galaxien nur dann erklären kann, wenn man eine »dunkle Materie« einführt. Wir gehen nicht davon aus, dass die ART bei extrem kleinen Distanzen, extrem kurzen Zeitabschnitten oder kosmologischen Distanzen funktioniert – das heißt, sie wird wohl keine korrekte globale Erklärung für das Universum liefern. Die ART berücksichtigt zwar beispielsweise die gesamte Krümmung des Raums, sagt aber nicht ihren globalen Wert voraus. Besser formuliert: Die ART sagt die Geometrie des Raums nicht völlig voraus, weil sie weder die globale Form noch die Verbundenheit des Raums bestimmt.

Nehmen wir an, Sie sollen die gesamte Krümmung des Raums messen. Eine Möglichkeit könnte darin bestehen, dass Sie die Anzahl der Sterne in jedem radialen Abstand zählen und die Zahl im Verhältnis zum Abstand in einem Diagramm festhalten. Wie lässt sich mit dieser Methode die Krümmung des Raums ermitteln? Funktioniert diese Technik sowohl bei kontinuierlichen wie bei diskreten Räumen?

117. Die Gesamtenergie

Es lässt sich beweisen, dass die Gesamtenergie im beobachtbaren Universum null ist, indem man die gesamte Massenenergie in Materie und Strahlung zur gesamten potenziellen Gravitationsenergie addiert. Das heißt: Gesamtenergie = Massenenergie + Gravitationsenergie. Bedeutet dieses Ergebnis, dass die Erschaffung von Materie aus nichts keinem physikalischen Erhaltungsgesetz widerspricht?

118. Gibt es verschiedene Universen?

Das gegenwärtige begrenzte Wissen über unser Universum öffnet Tür und Tor vielen Spekulationen darüber, ob wir nur in einem von vielen Universen leben, zwischen denen es möglicherweise Verbindungen gibt. Zu diesen wilden Mutmaßungen kommt es einfach deshalb, weil wir nicht genügend über die Ursprünge der fundamentalen Konstanten wissen, wie zum Beispiel der Planck'schen Konstante, der Gravitationskonstante oder der Lepton- und Quarkmassen. Die anderen möglichen Universen könnten für diese Konstanten tatsächlich andere Werte haben. Angenommen, man entdeckt, dass die Lepton- und Quarkmassenwerte von irgendwelchen fundamentalen Eigenschaften in der Mathematik bestimmt werden, etwa den Invarianten elliptischer Funktionen. Wie könnte diese Entdeckung der Spekulation über viele Universen ein Ende bereiten?

VI Die haarsträubende Funktion

Einige Probleme, die eigentlich schon in den vorangegangenen Kapiteln hätten untergebracht werden können, werden nun in diesem abschließenden Kapitel vorgestellt. Wir haben uns diese speziellen Probleme für das große Finale aufgehoben. Einige frühere Probleme liefern bedeutsame Hinweise darauf, wie sich die Aufgaben in diesem Potpourri lösen lassen, doch viele Rätsel werden für die meisten Leser neu sein. Wir hoffen, sie machen Ihnen genauso viel Spaß wie uns.

119. Jodprophylaxe

Angeblich können bei einem Kernkraftunfall Jodtabletten Schutz gegen radioaktives Jod bieten. Wie kann diese Vorbeugungsmaßnahme funktionieren? Ist denn nicht alles Jod – egal, ob wir es in Tablettenform einnehmen oder nicht – der Umgebungsstrahlung ausgesetzt?

120. Fahrradspuren

Wenn Sie auf diese Fahrradspuren stoßen, die sich durch den Morast schlängeln, könnten Sie dann feststellen, in welche Richtung das Fahrrad fuhr, indem Sie einfach die Spuren untersuchen? Denken Sie daran, dass Vorderrad und Hinterrad separate Spuren hinterlassen.

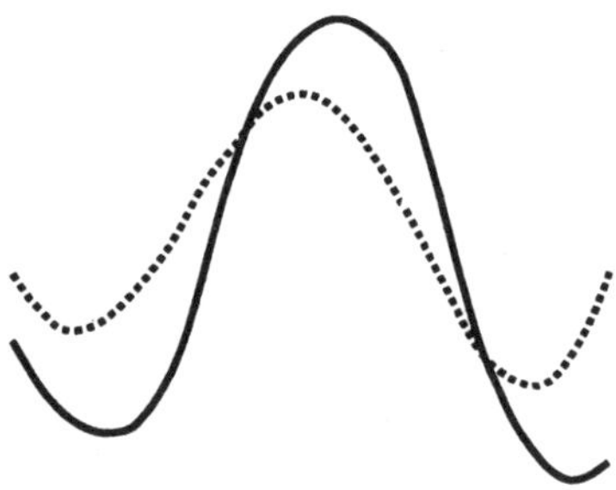

121. Die Erwärmung der Erde

Seit einigen Jahrzehnten machen sich die Menschen erhebliche Sorgen wegen eines möglichen langsamen Anstiegs der Durchschnittstemperatur in der Atmosphäre und auf der Erdoberfläche um ein paar Zehntel Grad Celsius. Meist hängt diese Besorgnis mit der Auswirkung des

Treibhauseffekts auf die Sonnenstrahlung zusammen. Wenn wir jedoch davon ausgehen, dass sich die Durchschnittstemperatur der Erde unzweideutig definieren lässt, kann dieser Anstieg dann nicht auch durch zusätzliche Wärmeenergie aus dem Erdinneren verursacht werden?

122. Frequenzen stören

Angenommen, wir hätten gern einen Störsender, der elektromagnetische Wellen auf allen Frequenzen gleichzeitig aussendet. Ein solches Gerät könnte dazu dienen, zum Beispiel unerwünschte Handysignale zu blockieren. Wie könnten wir ein solches Gerät einfach herstellen?

123. Lichtenergie

Wir wissen, dass die Lichtgeschwindigkeit für alle Beobachter in Inertialsystemen gleich ist. Sind dann auch der von allen Beobachtern gemessene Impuls und die Energie von Licht gleich, wenn sich die Lichtquelle auf den Beobachter zu bewegt?

124. Saurer Regen

Chemiker definieren die Größe des pH-Werts als pH = -Log [H^+], wobei [H^+] die wässrige Konzentration von H^+-Ionen ist. Reines Regenwasser ist eine neutrale Lösung und hat einen pH-Wert von 7, wenn sich die Tröpfchen bilden. Wenn diese Tröpfchen durch saubere, nicht verschmutzte Luft fallen, werden sie dann einen pH-Wert von 7 haben, sobald sie auf dem Boden auftreffen?

125. Elektrischer Strom

Während Raymond eine Lampe einschaltet, fragt er sich: »Wie schnell etwa bewegen sich die Elektronen im Hausnetz, wenn sie die Lampen und andere elektronische Geräte mit elektrischer Energie versorgen?«

126. Die Umlaufbahn der Erde

Die elliptische Umlaufbahn der Erde ist in ihrer Ausrichtung in Bezug auf die Sterne nicht starr und unveränderlich. Warum nicht?

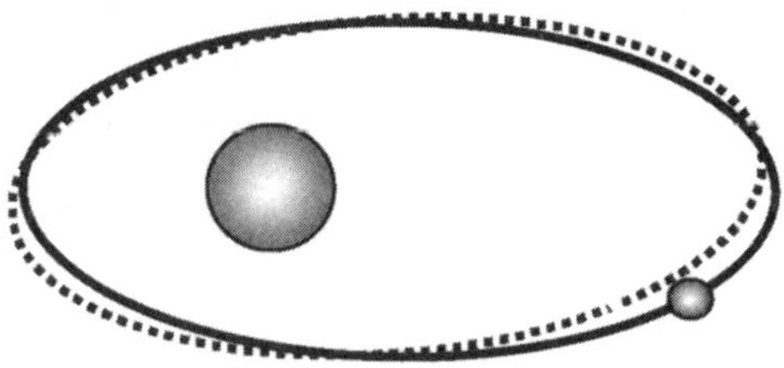

127. Wie wachsen Kristalle?

Viele Kinder züchten für ein Projekt im Naturkundeunterricht Kristalle in einer Lösung. Wie wächst eigentlich ein Kristall aus einem kleinen »Keim« zu seiner endgültigen Größe? Anders gesagt: Woher wissen die Atome, wo sie sich an das wachsende Gebilde anhängen sollen, ohne zum Beispiel die Entwicklung der präzisen kubischen Kristallstruktur zu vermasseln? Erkennen Sie das Dilemma? Und die Überraschung?

128. Rubin, Saphir und Smaragd

Wie hängen Rubin-, Saphir- und Smaragdkristalle miteinander zusammen? Wie erzeugen sie ihre Farben?

129. Kordylewski-Wolken

Nach den Kepler'schen Gesetzen hat jedes Objekt, das die Sonne innerhalb der Umlaufbahn der Erde umrundet, eine größere Geschwindigkeit. Wie können daher Staubteilchen, die sich auf einer Sonnenumlaufbahn entlang der Radiallinie Erde-Sonne befinden, aber der Sonne näher sind, die gleiche Geschwindigkeit wie die Erde haben?

130. Twistroller

Es gibt einen dreirädrigen Roller, bei dem die Lenkstange von der Spitze eines V-förmigen horizontalen Metallrahmens mit drei Rädern nach oben ragt. Das Vorderrad kann sich um eine vertikale Achse am unteren Ende der vertikalen Lenkstange drehen, die zwei Hinterräder befinden sich an den Enden der V-Arme. Diese Arme sind am Vor-

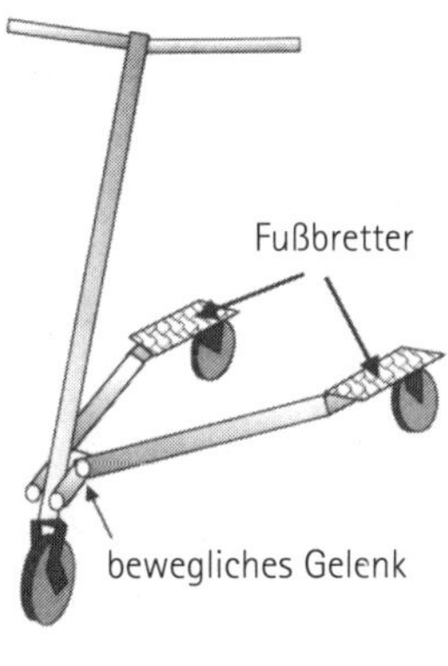

derteil des Rollers durch ein Gelenk verbunden, sodass sie sich um die vertikale Achse dieses Gelenks drehen können – sie können also innerhalb gewisser Grenzen einen weiteren oder engeren V-Winkel bilden. Der Fahrer stellt jeweils einen Fuß auf einen V-Arm und schwenkt den Körper hin und her, um die vertikale Lenkstange von einer Seite auf die andere zu neigen, damit sich das Fahrzeug vorwärts oder rückwärts bewegt. Können Sie die physikalischen Vorgänge bei der Vorwärtsbewegung erläutern?

131. Die Unruh-Strahlung

Der Physiker J. Bekenstein fand heraus, dass ein Teilchen, das sich in einem Vakuum beschleunigt, einer Schwarzkörperstrahlung ausgesetzt ist, deren Temperatur direkt proportional zur Beschleunigung ist. Wäre ein ruhendes Teilchen in einem Gravitationsfeld nach dem Äquivalenzprinzip ebenfalls dieser Schwarzkörperstrahlung ausgesetzt?

132. Sternendurchmesser

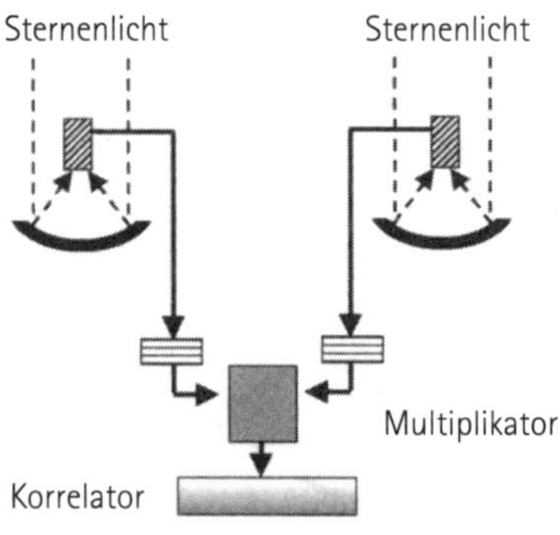

Man kann den Durchmesser eines fernen Sterns selbst dann ermitteln, wenn er sich nicht durch eine Parallaxe messen lässt. Das Verfahren nutzt nicht die Amplitudeninterferenz, sondern die Intensitätsinterferenz zwischen dem Licht, das in zwei identische Fotodetektoren (Teleskope) von der linken bzw. der rechten Sternenoberfläche einfällt. Das funktioniert selbst dann, wenn der Stern einfach nur ein Punkt in der Lichtsammeloptik beider Detektoren ist. Können Sie das physikalisch begründen?

133. Der Glauber-Effekt

Emittiert eine Standardglühbirne einzelne Photonen? Photonenpaare? Tripletts?

134. Vogellaute

Praktisch alle Vögel und andere Tiere geben Laute von sich, die eine Grundfrequenz und mehrere Harmonische haben. Manche Vögel können jedoch nur die Grundfrequenz ohne Harmonische pfeifen! Messungen im Inneren des Vogels ergeben hingegen, dass der Originallaut Harmonische hat. Wie also kann sie der Vogel eliminieren, bevor sie ins Freie gelangen?

135. Die haarsträubende Funktion

Einer von uns (F. P.) erfuhr zum ersten Mal von dem Physiker Richard Feynman, dass es die haarsträubende Funktion (HRF) gibt. Wir stellen diese Funktion hier als eine Kuriosität vor, die den Geist anregt. Und wenn man dann ein Haar auf dem Kopf hochzieht, ist diese Funktion

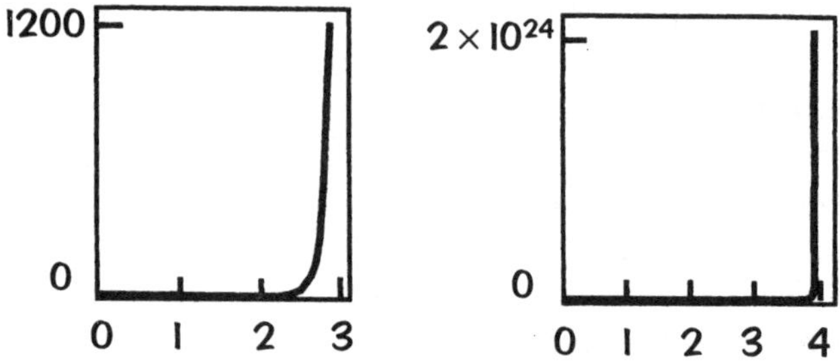

Haarsträubende Funktion

wahrscheinlich eine gute Darstellung davon, wie es mit zunehmender horizontaler Distanz schnell vertikal ansteigt.

Die meisten mathematischen Funktionen sind leicht zu definieren, und das gilt auch für ihre Umkehrungen. Physiker verwenden ungeheuer viele mathematische Funktionen, am häufigsten Potenzen einer Größe und Exponentialfunktionen. Physiker bedienen sich auch mathematischer Operationen, die scheinbar keine Funktionen darstellen, wie die Dirac-Delta-Funktion $\delta(r - r_0)$. Potenzen spielen eine wichtige Rolle in fundamentalen Gesetzen, wie sie geometrische Symmetrien vorschreiben, etwa das universale Gravitationsgesetz und das Coulomb'sche Gesetz – beide haben Potenziale, die proportional zu $1/r$, und Kräfte, die proportional zu $1/r^2$ für ideale Punktquellen sind. Die Exponentialfunktion nimmt rascher zu als andere Funktionen und wird immer dann verwendet, wenn die Veränderung einer Größe proportional zur Größe selbst ist, wie in Wachstums- und Zerfallsprozessen.

Die haarsträubende Funktion $\mathrm{HRF}(x)$ lässt sich beispielsweise dadurch definieren, wie sie ganze Zahlen abbildet. Die $\mathrm{HRF}(1)$ ist 1. Die $\mathrm{HRF}(2) = 2^2$. Die $\mathrm{HRF}(3) = (3^3)^3$ und

so weiter. Beachten Sie die Anordnung mit Klammern. Für die meisten höheren ganzzahligen HRF benötigt man einen Taschenrechner. Natürlich ist die HRF eine Eins-zu-eins-Abbildung.
Wie berechnet man die HRF von Brüchen? Einer komplexen Zahl? Wie ermittelt man die Umkehrung der HRF? Nehmen wir zum Beispiel die Zahl 42. Wie stellt man fest, welche Zahl von der HRF als 42 abgebildet wird? Und schließlich: Welchen potenziellen Nutzen hat die haarsträubende Funktion?

136. Weltraumkrabbler

1999 vergab das US-Patentamt ein Patent für eine Antriebsvorrichtung, die aus einem Grundrahmen mit einem Gleitschlitten und zwei gegenläufig rotierenden Massen besteht. Diese werden mit dem Grundrahmen gekoppelt und wieder entkoppelt, um den Schlitten in einem komplizierten Bewegungsablauf vorwärts und rückwärts zu bewegen. Eine Batterie an Bord liefert die Energie für jede interne Bewegung. Wenn die rotierenden Massen nicht mit dem Rahmen gekoppelt sind und wenn die ganze Vorrichtung auf einen nahezu reibungslosen Lufttisch gestellt wird, schwingt sie einfach wiederholt vor und zurück – wie man es erwarten würde. Erfolgt das Koppeln der Massen in speziellen Phasen während ihres Rotationszyklus, bewegt sich die ganze Vorrichtung nur vorwärts in einer kontinuierlichen Abfolge von Spurts, die bei geringerer Lufttischreibung länger sind! Wird diese Vorrichtung im Weltraum genauso operieren?

Antworten

Photonenmaschinen und andere Erfindungen

1. Luftmotor für Autos

Ja. Viele Firmen experimentieren weltweit mit Autos, die mit komprimierter Luft angetrieben werden. Dabei wird das Benzin im Tank eines Standardbenzinmotors mit vier Zylindern durch komprimierte Luft ersetzt. Natürlich gibt es keine Verbrennung, sodass keine Stromversorgung für die Zündkerzen benötigt wird und auch das Öl nicht sehr oft gewechselt werden muss. Der Tank für die komprimierte Luft ist im Kofferraum untergebracht.

Der Kolbenhub komprimiert und erhitzt die atmosphärische Luft in der Zylinderkammer bis kurz vor dem oberen Totpunkt, wenn kühle Luft eingeführt wird, damit der Kolben nach unten gedrückt wird und die Kurbelwelle sich dreht. Dieser Prozess wiederholt sich so lange, bis die komprimierte Luft verbraucht ist. Aus dem Auspuff kommt nur kühle Luft. Die Leistung beträgt bei einigen Modellen etwa 35 PS, aber dieser Wert dürfte sich dank der Weiterentwicklung der Technik bis zu einem praktisch nutzbaren Wert erhöhen. Wenn man traditionelle Stromquellen zum Komprimieren der Luft verwendet, wird die Umwelt bei dem gesamten Prozess durch ein wenig Kohlendioxid verschmutzt werden, aber nur zu etwa einem Fünftel oder noch weniger als bei konventionellen Autos.

Das vielleicht bekannteste mit Luft betriebene Auto wurde von dem französischen Erfinder und Ingenieur Guy Nègre für Motor Development International (MDI) in Frankreich konstruiert. Der Wagen hat eine Höchstgeschwindigkeit von etwa 110 km/h und mit einer Tankfüllung eine Reichweite von rund 240 Kilometer. Die Kosten: weniger als ein Cent pro Kilometer!

2. Münzen werfen

Sie sollten in der Lage sein, die experimentell erzielten Folgen mit einer Genauigkeit von etwa 98 Prozent herauszufinden! Sie können davon ausgehen, dass Sie in einer Zufallsfolge von 256 Münzwürfen mit einer Wahrscheinlichkeit von 98,2 Prozent mindestens eine Treffergruppe von sechsmal hintereinander Kopf oder Zahl finden. Wenn die Sequenzen, die sich Menschen vorstellen, die mit den Merkmalen der Wahrscheinlichkeitsverteilung nicht vertraut sind, keine langen Treffergruppen enthalten, müssten Sie sie zuverlässig ermitteln können.

Der tatsächliche Schätzwert der Anzahl von Treffergruppen mit sechsmal oder noch häufiger hintereinander Kopf oder Zahl ist 4 – das heißt, Sie müssten etwa vier dieser langen Treffergruppen finden. Für eine Gruppe von mindestens k Köpfen in n Würfen, wobei $k \geq 1$, beträgt die durchschnittliche Anzahl von Treffern $\sim n/2^{(k+1)}$, somit ist $2(256/2^7) = 4$. Die folgende Tabelle enthält konkrete Daten für 256 Münzwürfe, wobei eine 1 für Kopf steht. Zählen Sie einmal die unterschiedlich langen Treffergruppen.

1 0 1 1 1 1 1 0 1 0 1 1 0 1 1 0 1 0 1 1 0 1 0 0 1 0 0 0 1 1 0 0
1 1 0 1 1 1 1 0 1 0 0 0 0 1 0 0 1 0 0 1 1 1 0 0 1 0 1 0 0 1 0 0
1 1 0 0 1 1 0 0 1 1 1 1 1 0 0 0 1 0 0 0 0 0 1 0 1 1 1 1 1 0 0 0
1 0 1 1 0 0 1 0 0 0 1 1 1 1 1 0 0 1 1 0 1 1 1 0 0 1 1 1 0 0 1 0
1 1 1 1 1 0 0 0 0 1 1 0 1 1 1 0 0 0 0 0 0 0 1 0 1 1 1 1 1 0 0 0
1 1 1 1 0 1 1 0 1 1 0 0 0 0 0 0 1 0 1 0 0 0 0 0 1 0 1 1 1 1 1 0
1 1 1 1 1 1 0 0 1 1 1 0 1 1 0 0 1 0 1 1 1 0 0 0 1 0 1 1 1 1 1 0
0 1 1 1 0 1 1 0 1 1 1 1 0 0 0 0 1 1 1 1 1 1 1 0 0 0 0 0 1 1 0 0

3. Weitere Münzwürfe

Die meisten Menschen erwarten, dass sie ziemlich oft zum Laternenpfahl zurückkehren – 20mal oder häufiger während der 1000 Würfe. Doch es ist unwahrscheinlich, dass Sie häufiger als zweimal zurückkehren! Die meiste Zeit werden Sie sich ziemlich weit vom Laternenpfahl entfernen.

Man kann nun die Münze tatsächlich werfen, um zu ermitteln, wie lange man sich vom Ausgangspunkt entfernt, oder dazu eine Computersimulation laufen lassen. Die zu erwartende Entfernung nach n Würfen beträgt $\sqrt{n}$-mal die Entfernung, die man bei einem Wurf in einer Richtung zurücklegt.

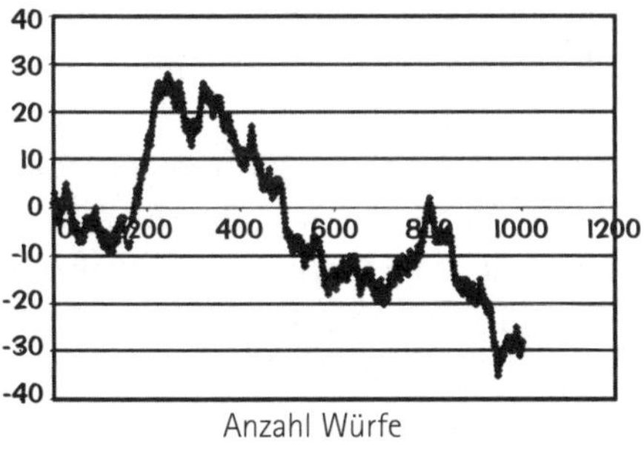

Solange das Sägezahnpotenzial abgeschaltet ist, kann es keine Nettobewegung nach rechts oder links geben, weil sich die Teilchen nach einem (bevorzugten) Zufallsgang diffus bewegen werden, und das führt zu einer Positionsvarianz von $\delta x = \sqrt{(2D\tau)}$ und einer mittleren Position von $<x> = f\tau/\gamma$, wobei $D = kT/\gamma$ die Diffusionskonstante ist. Wird das Sägezahnpotenzial eingeschaltet, werden ein oder mehrere Teilchen in einem der Potenzialminima gefangen. Wenn $\alpha L \geq \delta x \geq (1 - \alpha)L$ für die Varianz gilt, dann wird das Teilchen im Durchschnitt im Minimum links vom Startpunkt gefangen. Der Maximalfluss wird erzielt, wenn die Schaltzeit t groß genug ist, um dafür zu sorgen, dass sich das Teilchen im einfangenden Minimum anpassen kann (adiabatische Anpassungszeit), sowie auch klein genug ist, um die obige Bedingung für die Varianz zu erfüllen. Allgemein kann man sagen, dass ein Nettofluss nach links immer dann erfolgt, wenn die Wärmeenergie signifikant kleiner als das Potenzialmaximum ist, die gewählte äußere Kraft nicht zu groß ist und die Antriebsfrequenz mit der adiabatischen Anpassungszeit übereinstimmt, die benötigt wird, damit sich das Teilchen in ein Potenzialminimum bewegt.

Woher stammt die Energie, die zu einer Drift gegen die äußere Kraft führt? Sie stammt nicht aus dem Wärmebad, sondern aus dem Sägezahnpotenzial, wenn es angeschaltet wird. In diesem Augenblick wird die potenzielle Energie des Teilchens plötzlich erhöht. In einer Simulation ist dies an einer plötzlichen Energiezunahme erkennbar. Aber die ins System gedrückte Energie wird aufgrund der Entspannung des Teilchens in einem Potenzialminimum im Wärmebad verschwinden. Nur ein winziger Teil wird für

Arbeit verwendet. Somit verstößt eine Brown'sche Maschine nicht gegen ein Gesetz der Thermodynamik, weil sie nur eine Art von Arbeit in eine andere umwandelt. Gleichwohl ist die fluktuierende Kraft aufgrund des Wärmebads von wesentlicher Bedeutung für eine Brown'sche Maschine.

5. Magnetwärmemotor

Das Ferrofluid wird vom stationären Permanentmagneten zyklisch um die Schleife bewegt. Ein kleines Volumen von ferromagnetischem Material hat weniger Energie dort, wo das Magnetfeld eine größere Dichte hat, genauso wie Eisenfeilspäne von den Polen eines Magneten angezogen werden. Somit wird das Ferrofluid, das sich dem Magneten nähert, magnetisiert und in das Schleifenvolumen zwischen den Magnetpolen gezogen. Aber die nahe Wärmequelle erwärmt das Ferrofluid, sodass die magnetischen Dipole darin teilweise zufällig ausgerichtet sind und damit die Energie des Systems erneut abgesenkt werden kann, indem weiteres kühleres magnetisiertes Ferrofluid hineingezogen wird, das das erwärmte Ferrofluid hinausdrückt. Die von der Wärmequelle eingeführte Wärme wird im Wärmebecken gespeichert, und der Zyklus wiederholt sich. Um diesen Motor für die Heizung von Gebäuden mit Sonnenenergie zu nutzen, sind zwei Betriebswege möglich. Man könnte alle Rohrleitungen mit Ferrofluid füllen, was wahrscheinlich kostspielig wäre. Oder man könnte eine kleine Schleife mit Ferrofluid in Kontakt mit einer großen Rohrleitungsschleife bringen, die Wasser enthält, das durch Wärmeaustausch erhitzt wird. Der Vorteil gegenüber konventionellen Heizungssystemen bestünde darin, dass es in der Solarheizung keine beweglichen mechanischen Teile gäbe.

6. Magnetorheologische Flüssigkeit

Die Fließeigenschaften der Flüssigkeit verändern sich so radikal, dass die Flüssigkeit gelartig wird und sich auf eine Seite des Becherglases drücken lässt, wo es nicht zu einer Entspannung kommt. Der Grad der Verfestigung hängt von den immanenten Eigenschaften der Flüssigkeit sowie von der Stärke des Magnetfelds ab. Natürlich kann die Verfestigung im Gel selbst schwanken, da ja auch das Magnetfeld mit der jeweiligen Position im Becherglas schwanken kann. Praktische Anwendungen dieser Materialien mit ihren ungewöhnlichen Eigenschaften werden derzeit entwickelt und getestet. Vielleicht können Bremssysteme in Autos eines Tages diese Flüssigkeitsarten nutzen, an Stelle von festen Materialien, die sich abnutzen.

7. Binäre Flüssigkeiten

Beide Phasendiagramme können echte binäre Flüssigkeiten darstellen, obwohl das rechte Diagramm ziemlich selten ist. Um diese Phasendiagramme zu verstehen, müssen sowohl die Energie wie die Entropie in Betracht gezogen werden. Der Energieteil ist mit der Van-der-Waals'schen Interaktion zwischen benachbarten Molekülen verbunden, einer induzierten elektromagnetischen Wechselwirkung zwischen zwei Dipolen. Allgemein gilt, dass diese Anziehungskraft zwischen ungleichen Molekülen viel schwächer ist als die Anziehungskraft zwischen gleichen Molekülen. Je stärker die Anziehungskraft ist, die die

Moleküle zusammenhält, desto geringer ist die Energie des Systems. Wenn die meisten Nachbarn des Moleküls chemisch gleichartig sind, dann ist somit die Systemenergie am geringsten, und die Nichtmischbarkeit wird begünstigt. Selbst das erhöhte zufällige Durcheinanderpurzeln der Moleküle bei höheren Temperaturen stört diese Haufenbildung gleicher Moleküle nicht.

Doch mit Überlegungen im Hinblick auf die Energie allein lässt sich das Verhalten binärer Flüssigkeiten nicht erklären. Wieso sind sie überhaupt mischbar? Die Mischbarkeit tritt bei niedrigeren Temperaturen auf, weil das System dazu neigt, nicht seine Energie zu minimieren, sondern vielmehr seine freie Energie: $E_{frei} = E_{sys} - TS$. Die freie Energie ist die Energie des Systems minus des Produkts aus der Temperatur T und der Systementropie S. Bei einer gegebenen T kann die freie Energie verringert werden, indem die Energie des Systems verringert oder seine Entropie erhöht wird. Bei niedriger T wirkt sich eine Änderung der Entropie minimal aus, weil das Produkt TS klein sein kann. Aber bei hoher T kann das Produkt groß sein. Somit neigen Systeme bei hoher T dazu, ihre Entropie zu maximieren, das heißt, ihre Zufallsstruktur oder Unordnung.

Haben wir nun also ein gutes Argument, das rechte Diagramm mit der wieder auftretenden Mischphase bei niedrigen Temperaturen auszuschließen? Keineswegs! Bei einigen Molekülen kommt es zur Wasserstoffbindung mit ihrer sehr kleinen Winkelausbreitung, bei der zwei Moleküle miteinander verbunden werden. Diese Wasserstoffbindung tritt primär bei niedrigeren Temperaturen auf, und zwar wegen der Lageabhängigkeit, wobei beim Eingehen der Wasserstoffbindung mehr »Lageentropie« verloren geht als »Kompositionsentropie« gewonnen wird. Somit werden sowohl die Energie wie die Entropie geringer, und die verringerte Energie der Wasserstoffbindung hat eine große Auswirkung auf die freie Energie. Wasser und Butylalkohol sind ein Beispiel einer binären Flüssigkeit mit dem seltenen Phasendiagramm.

8. Altes Glas

Viele Menschen meinen, das Glas fließe wegen der Erdanziehung gewissermaßen nach unten. Gegen diese populäre Vermutung spricht, dass dieses alte Glas im Laufe der Jahrhunderte keineswegs genügend fließen könnte, damit dieser Unterschied zwischen oben und unten entstünde.
Ein weiterer Faktor, der gegen die Fließhypothese spricht, ist das tatsächliche Profil, das im Prinzip eine lineare Beziehung zwischen der Dicke und der vertikalen Distanz darstellt. Um dies in einem vereinfachten Modell zu veranschaulichen, nehmen wir an, dass die Eigenschaften des Glases in jeder vertikalen Position auf der Scheibe identisch sind. Wenn eine feste Menge Glasmaterial etwa aus Position 10 nach unten fließt, würde die gleiche Menge durch die Menge aus Position 11 ersetzt, die etwas höher liegt. Die Hauptveränderungen über einen längeren Zeitraum bestünden dann in einem dicken Wulst ganz unten und einer Verdünnung ganz oben, während sich die Dicke dazwischen praktisch nicht ändern würde – also im Gegensatz zur linearen Abhängigkeit zwischen Glasdicke und Höhe.
Früher stellte man Fensterscheiben her, deren Dicke von einem Ende zum andern schwankte, weil die Auflagefläche der Form leicht geneigt war. Die Glaser bauten die

Scheiben einfach mit dem dickeren Ende unten ein. In manchen Gegenden muss die Qualitätskontrolle recht mangelhaft gewesen sein, denn wir haben etliche große Unterschiede in der Glasdicke zwischen den beiden Enden festgestellt.

Glas ist normalerweise elastisch bei Temperaturen unter etwa 1000 K, und es kann brechen, aber sich niemals dauerhaft verformen, da es ein kristalliner Feststoff ist. Bei empfindlichen Teleskop- und Kameralinsen würde eine derartige Verformung sofort auffallen, da sich ihre optischen Merkmale unübersehbar verändern würden.

9. Ferromagnetismus

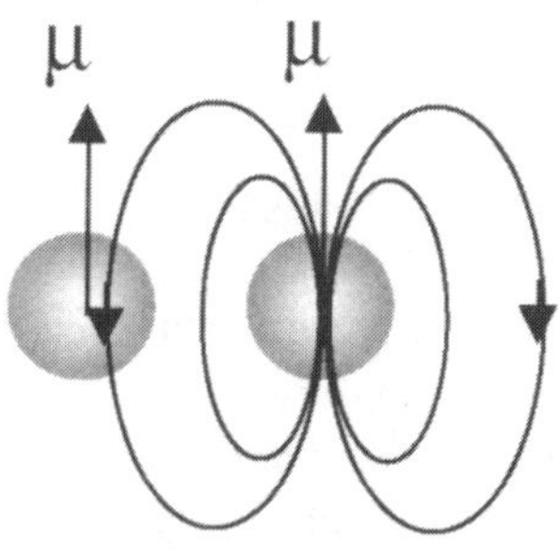

Viele Atome und Moleküle weisen ein immanentes magnetisches Dipolmoment auf. Wenn wir davon ausgehen, dass sich jeder Dipol unabhängig von seinen Nachbarn verhält, wenn sie nicht ausgerichtet sind, dann ist die Magnetfeldrichtung neben dem Dipol der Richtung entgegengesetzt, in die der Dipol selbst zeigt. In paramagnetischen Stoffen sind die Dipole weit genug voneinander entfernt, sodass sie sich annähernd unabhängig verhalten, und wenn kein Feld anliegt, haben diese Dipole zufällige Ausrichtungen. Jeder Dipol wird zwar vom angelegten Magnetfeld beeinflusst, aber nicht von seinen Nachbarn. Das angelegte Magnetfeld konkurriert mit der zufälligen thermischen Bewegung, sodass eine Magnetisierung auftritt, die nahezu linear mit der Stärke des angelegten Feldes zunimmt, und dieses Verhältnis bezeichnet man als magnetische Suszeptibilität.

Wenn die Dichte der magnetischen Dipole hoch genug wird, damit Nachbarn einander beeinflussen, dann neigen nur Nachbarn in der Kopf-zu-Schwanz-Konfiguration dazu, einander auszurichten. Die parallel nebeneinander liegenden Nachbarn werden entgegengesetzt ausgerichtet, weil alle Felder von ihren Nachbarn an ihrem Standort entgegengesetzt sind. Somit werden alle anderen Dipole in jeder Schicht des Kristalls ausgerichtet und ein Untergitter bilden, wie die weißen Felder auf einem Schachbrett, und die restlichen Dipole (die »schwarzen Felder«) werden ein zweites Untergitter von Dipolen bilden, das in die entgegengesetzte Richtung weist. Die beiden Untergitter wechselwirken zwar stark oder ferromagnetisch miteinander, heben ihre Magnetisierung aber gegenseitig auf. Wenn magnetische Dipolmomente daher dicht beieinander sind, werden sie ihre nächsten Nachbarn wahrscheinlich eher nicht ausrichten, sondern deren Ausrichtung aufheben. Ferromagnetismus ist somit selten.

Wie können dann ferromagnetische Stoffe überhaupt existieren? Über einen kooperativen Effekt, wenn die Dipole einander sehr nahe sind und sich nicht mehr unabhängig voneinander verhalten. Unter diesen Bedingungen kann sich ein Zustand von geringerer Energie bilden, wenn Gruppen von Dipolen einander in magnetischen

Domänen ausrichten, die selbst in zufällige Richtungen weisen. Bei einem angelegten Feld werden diese Domänen ihre Größen ändern, um den niedrigsten Energiezustand zu finden. Natürlich kann es zur Domänenbildung nur unterhalb einer kritischen Temperatur, der so genannten Curie-Temperatur, kommen, weil die Wärmebewegung die Dipolinteraktionen stört. Oberhalb der Curie-Temperatur wird der Stoff paramagnetisch.

10. Gekoppelte Schwungräder

Der Gesamtdrehimpuls des Systems muss erhalten bleiben, und wenn man nur die Veränderung in den Drehimpulsen der Schwungräder einbezieht, erhält man eine unvollständige Gleichung. Die Spannung ist in den beiden Seiten des Riemens unterschiedlich groß, sodass der Riemen auf die Scheibe 2 eine abwärtsgerichtete Kraft und auf die Scheibe 1 eine aufwärtsgerichtete Kraft ausübt. Diesen Kräften wirken Reaktionskräfte in den Lagern entgegen, zusätzlich zu den Reaktionen auf das Gewicht der Komponenten. Diese zusätzlichen Reaktionskräfte erzeugen ein Drehmoment, das die Veränderung im Drehimpuls erklärt.
Wenn die Scheiben gleich groß sind, existiert dieses zusätzliche Drehmoment nur dann, wenn die Riemen kreuzweise angeordnet werden.

11. Schwebender Supraleiter

Der schwebende Supraleiter veranschaulicht nicht den Meißner-Ochsenfeld-Effekt. Vielmehr beruht diese Demonstration auf dem anhaltenden Wirbelstrom im supraleitfähigen Material mit seinem spezifischen Widerstand null, und dieser Wirbelstrom wird durch den Magneten induziert. Seine Richtung wird von der Lenz'schen Regel bestimmt, sodass ein Magnetfeld erzeugt wird, das schließlich eine Abstoßung zwischen dem Supraleiter und dem Permanentmagneten bewirkt.

Doch eine andere Abfolge der Vorgänge demonstriert den Meißner-Ochsenfeld-Effekt. Zuerst legt man den Supraleiter bei Raumtemperatur auf den Magneten, und dann kühlt man den Supraleiter unterhalb seiner kritischen Temperatur T_c ab. Nun wird der Magnetfluss vom Meißner-Ochsenfeld-Effekt »vertrieben«, und der Supraleiter wird über dem Magneten schweben.

12. Nanophasen-Kupfer

Bei kleineren Korngrößen würde man in Nanophasenkupfer viel mehr Korngrenzen als in normalem Kupfer erwarten. Diese zusätzlichen Korngrenzen würden dann jede sich bewegende Versetzung stoppen oder behindern und dadurch das Nanophasenkupfer viel härter machen. Doch überraschenderweise ist Nanophasenkupfer größtenteils versetzungsfrei! Da diese Nanophasenmetalle so wenige sich bewegende Versetzungen aufweisen, sind sie viel stärker.

13. Stecknadelkopf

Experimente haben Überraschendes ergeben: Auf dem Stecknadelkopf kann jeder Bruchteil der Elementarladung existieren, also zum Beispiel +0,5 e oder −0,5 e! Dies lässt sich folgendermaßen beweisen: Die Metallnadel ist ein elektrischer Leiter. Allgemein gesagt, fließt ein elektrischer

Strom im Leiter, weil sich einige freie Elektronen durch das Gitter der Atomkerne bewegen. Ein bestimmtes Leitervolumen hat praktisch keine Ladung, weil die negativen Ladungen durch die positiven Ladungen der Kerne ausgeglichen werden.

Die entscheidende physikalische Größe ist somit nicht die elektrische Ladung in einem gegebenen Volumen, sondern vielmehr die Ladungsmenge, die durch den Leiter transportiert wird – das heißt die »übertragene Ladung«, die jeden Wert haben kann, sogar einen Bruchteil der Ladung eines einzelnen Elektrons. Diese »übertragene Ladung« ist proportional zur Summe der Verlagerungen aller Elektronen in Bezug auf das Kerngitter. Diese Elektronen im Leiter können so wenig oder so viel, wie gewünscht, verlagert werden, dass sich die Summe ständig ändern kann und damit auch die »übertragene Ladung«. Also kann der Stecknadelkopf jeden Ladungswert haben, nicht bloß ganzzahlige Vielfache der Elementarladung.

14. Die Coulomb-Blockade

Nein, der Strom durch den Tunnelkontakt wird kein stetiger Strom sein. Es wird ein Einzelelektronentunneln (engl. Single Electron Tunneling, kurz SET) geben, wobei sich die Spannung im Übergang periodisch ändert, und zwar mit einer Frequenz, die gleich dem Strom geteilt durch die Elementarladungseinheit e ist.

Der Tunnelkontakt ist eine Leiter-Isolator-Leiter-Anordnung, sodass die übertragene Ladung durch den Leiter fließt, um sich auf der Oberfläche der Elektrode gegenüber der Isolierschicht des Übergangs zu sammeln. Eine entgegengesetzte gleich große Oberflächenladung sammelt sich auf der anderen Elektrode im Übergang. Die tatsächliche Menge der Oberflächenladung ändert ständig ihren Wert, während sich die Ladung akkumuliert, wobei auch Bruchwerte wie +0,8642 auftreten können, weil die Elektronen nahe dieser Oberfläche ihre Positionen leicht anpassen können.

Allerdings können nur diskrete Ladungsmengen durch die Isolierschicht tunneln – das heißt, jedes getunnelte Elektron ändert die Oberflächenladung um +e oder –e, je nach der Tunnelrichtung. Der Tunnelprozess ist energieabhängig. Wenn die Ladung am Übergang größer als +e/2 ist, kann ein Elektron tunneln und die Oberflächenladung um e reduzieren, und damit wird die elektrostatische Energie des Systems reduziert. Aber wenn der Wert der Oberflächenladung größer als –e/2 oder geringer als +e/2 ist, findet kein Tunneln statt, weil die Systemenergie zunähme. Diese Tunnelunterdrückung nennt man die Coulomb-Blockade, die erstmals in den Fünfzigerjahren des vorigen Jahrhunderts untersucht wurde.

Der mit einer konstanten Stromquelle verbundene Tunnelkontakt beginnt im Zustand der Coulomb-Blockade, geht dann ins Einzel-Elektronentunneln über, kehrt zur Coulomb-Blockade zurück, dann wieder zum Einzel-Elektronentunneln usw. Man könnte diesen Prozess mit einem tropfenden Wasserhahn vergleichen.

Viele elektronische Geräte sind mit SET-Bauteilen ausgestattet. So kann zum Beispiel ein SET-Transistor den Fluss von Milliarden Elektronen pro Sekunde an- oder abschalten, wenn die Ladung an der mittleren Elektrode nur um eine Hälfte der Ladung eines Elektrons geändert wird!

15. Deterministischer Wettlauf

Die zeitliche Entwicklung hängt hier vom Wert von r ab. Man stellt fest, dass $N_t = 1$ nur dann ein stabiles Gleichgewicht ist, wenn r zwischen 0 und 2 liegt. Wenn $r = 2{,}3$ bei $N_0 = 0{,}5$, dann werden nachfolgende N_t zwischen etwa 1,59 und etwa 0,4 als ein stabiler 2-Zyklus oszillieren. Wenn $r > 3{,}102$, dann ist kein Zyklus stabil, sind alle Zyklen möglich usw.

In den chaotischen Regimen sind die Gleichungsergebnisse deterministisch, aber die zeitliche Entwicklung ist von der durch die Wahrscheinlichkeitsgesetze bestimmten Entwicklung nicht zu unterscheiden. Man muss sich wirklich einmal ansehen, wie sich die Berechnungen entwickeln, um das erstaunliche Verhalten dieser so einfach aussehenden Gleichung würdigen zu können.

16. Zwei identische chaotische Systeme

Ja, die beiden beschriebenen identischen chaotischen Systeme lassen sich synchronisieren. Chaotische Systeme sind aus mehreren Gründen sehr nützlich: 1. Chaotische Systeme sind eine Ansammlung vieler regelmäßiger, normaler Verhaltensweisen, von denen keine dominiert. 2. Die richtige Störung kann das chaotische System dazu bringen, sich nach einer seiner vielen regelmäßigen Verhaltensweisen zu richten. 3. Chaotische Systeme sind sehr flexibel, weil sie sehr rasch zwischen verschiedenen Verhaltensweisen hin und her wechseln können. 4. Chaotische Systeme sind deterministisch, und auch wenn niemand das Endergebnis vorhersagen kann, werden zwei identische chaotische Systeme der geeigneten Art das gleiche Ergebnis liefern, wenn sie auf den gleichen Signalinput reagieren.

Um zwei identische chaotische Systeme, die jeweils das Verhalten des stabilen Teils aufweisen, zu synchronisieren, kann man das geeignete pseudoperiodische Signal (unter anderem ein so genanntes Rössler-Signal) anwenden, um sie in Einklang zu bringen. Aus den oben genannten Gründen werden die Ergebnisse gleich sein. Dieses Verhalten synchronisierter chaotischer Systeme lässt sich für die sichere Nachrichtenübermittlung ebenso wie für biologische Systeme nutzen.

17. Tilleys Stromkreis

Das Galvanometer reagiert gar nicht! Es gibt kein induziertes Potenzial, da keine Arbeit verrichtet wurde (wobei wir einmal annehmen, dass die Schalter reibungslos sind). Dieses Ergebnis scheint gegen das Faraday'sche Gesetz $V = d\phi/dt$ zu verstoßen, wobei V der von der Änderungsrate des Magnetflusses ϕ bewirkte Potenzialunterschied ist. Aber Arbeit muss verrichtet werden, damit V erzeugt wird, weil die Veränderung der Arbeit $d_{\text{Arbeit}} = Vdt$ ist.

18. Wärmeenergiefluss

Der klassische Wärmeenergiefluss zum kühleren Bereich erfolgt, weil die freie Energie des kombinierten Systems $E_{\text{frei}} = E_{\text{sys}} - TS$ geringer wird, wobei T die Temperatur und S die Entropie ist. Wenn die freie Energie bei zwei Temperaturen gleich ist, erkennt man, dass bei einer gegebenen Menge von Systemenergie mehr Unordnung bei niedrigerer Temperatur herrscht. Wenn wir davon ausgehen, dass das Zwei-Körper-System zunächst einfach Wärmeenergie vom wärmeren zum kühleren Körper überträgt, ohne dass ein anderer Energieaustausch stattfindet, dann wird ein kühleres System bevorzugt.

19. Cadmiumselenid

Die Wellenlänge von sichtbarem Licht ist mit Nanoclustergrößen vergleichbar. So hat beispielsweise grünliches Licht eine Wellenlänge von etwa 580 Nanometer, also das Fünf- bis Zehnfache der Nanoclustergrößen. Cluster, die sich wie Teilchen verhalten, deren Durchmesser von etwa 1 Nanometer bis zu 50 Nanometer reicht, sind zu klein, um sichtbares Licht signifikant zu streuen. Diese Materialien sind also praktisch transparent. Cluster, deren Größen bestimmten Wellenlängenbereichen von sichtbarem Licht vergleichbar sind, unterliegen den Einschränkungen des Quanteneinschlusses.
Die Quantenmechanik sagt das richtige Verhalten bei den kleinen Clustergrößen voraus. Je kleiner das Nanophasencluster wird, desto größer sind die Energielücken der Elektronenzustände. Welche Farben von Licht absorbiert und emittiert werden, hängt von diesen Energielücken ab. Sind die Energielücken zu groß, wird das eintretende Licht nicht absorbiert, und Licht von dieser Wellenlänge und von größeren Wellenlängen wird nicht gestreut. Ein typischer Halbleiter ist zum Beispiel Cadmiumselenid. Wenn die Größe der Cluster 1,5 Nanometer beträgt, erscheint das Cadmiumselenid gelb, bei einer Clustergröße von 4 Nanometer hingegen rot. Und größere Cluster wirken schwarz. Somit hängt die beobachtete Farbe der Cluster in der Nanophase von ihren tatsächlichen Größen ab.

20. Optische Solitonen

Unter den richtigen Bedingungen lässt sich erreichen, dass die beiden Effekte – die Streuung und der Kerr-Effekt – einander exakt aufheben. Die Nichtlinearität des Kerr-Effekts kann die schnellen Wellen in Bezug auf die langsamen Wellen verzögern und sie somit zusammenbringen und der Dispersion entgegenwirken. Diese Impulse, die ihre Form und Integrität bewahren, weisen das Verhalten von Solitonen auf. Optische Solitonen wurden erstmals 1980 in Glasfasern beobachtet und sind inzwischen Grundkomponenten in optischen Übertragungssystemen.

21. Die Lichtreaktion von Keramik

Bestimmte keramische Materialien ändern ihre Form, wenn sie Licht ausgesetzt werden, weil einige Moleküle im Material ihre Form ändern, nachdem sie bestimmte Lichtfrequenzen absorbiert haben. Werden die Reaktionen vieler Moleküle koordiniert, dann kann es insgesamt zu einer makroskopischen Formveränderung kommen. Die Forschung untersucht seit den Neunzigerjahren des vorigen Jahrhunderts diesen so genannten photostriktiven Effekt, und inzwischen werden einige praktische Geräte entwickelt, etwa Lautsprecher, bei denen Licht direkt in mechanische Schwingungen statt zunächst in ein elektrisches Signal umgewandelt wird. Ein Telefonhörer könnte eines der ersten Produkte sein.

Diese keramischen Materialien sind Beispiele einer neuen Art von »smartem« Material. Die vier meistverwendeten Klassen von smarten Materialien sind piezoelektrische, elektrostriktive, magnetostriktive Legierungen und Formgedächtnislegierungen. Die auftretenden Formverände-

rungen dieser Materialien sind groß genug, damit man sie als Aktoren einsetzen kann. Ein Sensor empfängt einen Reiz und reagiert mit einem Signal, ein Aktor erzeugt eine sinnvolle Bewegung oder Aktion. Per definitionem sind smarte Materialien sowohl Sensoren wie Aktoren, weil sie beide Funktionen ausüben.
Photostriktive Materialien wie PLZT – eine Kombination von Blei, Lanthan, Zirkon und Titan – werden vielleicht eines Tages zur Steuerung von Robotern und Maschinen eingesetzt. Ingenieure an der amerikanischen Pennsylvania State University beispielsweise erforschen derzeit Anwendungen für Geräte, die sich bewegen, wenn Licht auf sie fällt, und haben ein zweibeiniges Gestell konstruiert, das ganz langsam geht, wenn es beleuchtet wird.

22. Zufallsbewegungen

Schwankungen in einem System können mit schnellen Kameras verfolgt werden. Bei den meisten menschlichen Aktionen – vom senkrechten Balancieren eines Stocks auf einem Finger bis zum Seiltanzen – treten Schwankungen auf, die Sekunden oder nur zehn Millisekunden dauern. Normalerweise gilt: Je kürzer die Schwankungen, desto mehr treten auf. Aber die typische menschliche Reaktionszeit bei derartigen Balanceakten beträgt etwa 100 Millisekunden, sodass die meisten Wackler schneller sind, als Menschen reagieren können. Mathematische Modelle menschlicher Balanceakte stimmen mit den gemessenen Schwankungen nur dann überein, wenn die Person oder das Objekt zu fallen droht. Dann heben die Zufallsschwankungen einander auf, und die Person oder das Objekt bleibt aufrecht.

Die besagten Forscher haben herausgefunden, dass ältere Menschen und Menschen mit Gleichgewichtsproblemen besser das Gleichgewicht zu halten vermochten, wenn sie auf batteriebetriebenen, nach dem Zufallsprinzip vibrierenden Einlegesohlen standen. Der Gedanke dabei ist, dass diese Schwingungen auf das Gleichgewicht bezogene Signale von den Füßen ans Gehirn und umgekehrt verstärken, die vielleicht im Alter oder infolge einer Krankheit abgeschwächt wurden. Wenn Menschen gehen und sich dann umdrehen oder nach etwas greifen, sind sie am ehesten in Gefahr zu stürzen. Wenn sich ein Mensch zu einer Seite neigt oder schwankt, nimmt der Druck auf die Fußsohle auf dieser Seite zu, und das Nervensystem spürt die Druckveränderung und sendet dem Gehirn eine Botschaft, sodass die Haltung angepasst werden kann. In vielen Menschen können solche Botschaften durch Alter, einen Schlaganfall oder Leiden wie Diabetes verändert werden. Diese hilfreichen Einlegesohlen sollen derzeit durch weitere Tests optimiert werden.

23. Die Zwillingsschwestern und die Schwerkraft

Tatsächlich kehrt die wegfliegende Schwester jünger als ihre zurückbleibende Schwester wieder. Die Argumentation war zwar korrekt formuliert, aber unvollständig. Die lokalen Gravitations-Effekte sind bei den Zwillingsschwestern nicht gleich – das heißt, sie erfahren unterschiedliche Änderungsraten des Schwerkraftpotenzials. Diese Effekte auf die Zeit tragen zu den Ganggeschwindigkeiten der Uhren bei, und wenn man sie in die Berechnungen einbezieht, verändert sich das Ergebnis entsprechend: Die zurückbleibende Schwester altert schneller und ist bei der Rückkehr ihrer Zwillingsschwester älter.

24. Die Photonenmaschine

Wir können den Betrieb der Quanten-Carnot-Maschine auf die gleiche Weise analysieren wie eine klassische Carnot-Maschine. Dabei sei Q_{ein} die Energie, die von den Wärmebadatomen während der isothermischen Expansion absorbiert wird, und Q_{aus} die Energie, die während der isothermischen Kompression an den Wärmebehälter abgegeben wird. Dann beträgt der Wirkungsgrad der Carnot-Maschine $\eta = (Q_{ein} - Q_{aus})/Q_{ein}$.

Wenn man annimmt, dass die Wärmebadatome Systeme mit zwei Zuständen sind, die Strahlung mit derselben Photonfrequenz absorbieren und emittieren, dann müssen wir die thermodynamischen Eigenschaften eines Photonengases kennen, um den theoretischen Wirkungsgrad dieser Photonenmaschine zu ermitteln. Wenn wir vom Wärmegleichgewicht für das Photonengas ausgehen, dann ergibt sich die durchschnittliche Photonenzahl n_2 mit der Energie ε, die aus dem Wärmebad bei einer Temperatur T_2 kommt, aus $n_2 = 1/(exp[\varepsilon/kT_2] - 1)$, während die durchschnittliche Photonenzahl n_1, die bei einer Temperatur T_1 austritt, $n_1 = 1/(exp[\varepsilon/kT_{d1}] - 1)$ ist. Da $Q_{ein} \propto n_2\varepsilon$ und $Q_{aus} \propto n_1\varepsilon$, beträgt der Wirkungsgrad der Quanten-Carnot-Maschine $\eta = 1 - T_1/T_2$, also genauso viel wie bei der klassischen Carnot-Maschine. Wenn es nur ein Wärmebad gibt, sodass $T_1 = T_2$, kann keine Arbeit verrichtet werden.

Mit einer anderen Quantenmaschine haben wir es zu tun, wenn die Wärmebadatome statt zwei drei Zustände haben und damit ein Quantenverhalten einführen, die so genannte Quantenkohärenz, wobei eine nichtverschwindende Phasendifferenz zwischen den niedrigsten Atomzuständen durch ein Mikrowellenfeld induziert wird. Man kann den Prozess der Photonenabsorption eliminieren (analog zu einem Laserbetrieb ohne eine Besetzungsinversion). Die Temperatur T_2 ändert sich zu einer anderen effektiven Temperatur, T_ϕ. Der Wirkungsgrad $\eta_\phi = (T_\phi - T_1)/T_1$ kann den Wirkungsgrad der klassischen Carnot-Maschine übersteigen. Diese Quantenmaschine kann Arbeit aus einem einzigen Wärmebad herausholen, selbst wenn $T_1 = T_2$!

Die wunderbare Welt des Molekulardesigns

25. Nur ein Sandkorn

Wenn man annimmt, dass das Sandkorn einen Durchmesser von etlichen Bruchteilen eines Millimeters hat, dann wäre die Linie der aneinandergereihten Atome etwa 10^{10} Meter lang – etwa dreißig Mal so lang wie die Entfernung zum Mond!

26. Echt oder gefälscht?

Bis die Massenproduktion von Farben Ende des 19. Jahrhunderts aufkam, enthielt jede Farbe, die von einem Künstler verwendet wurde, Atome in ganz bestimmten charakteristischen Mengen, die von der jeweiligen Quelle abhingen. Farben wurden ursprünglich aus natürlichen Materialien hergestellt, und wenn ein Künstler seine Farben mischte, enthielt jede Farbe und Farbkombination somit eine einzigartige Mischung von Atomen und Molekülen.

Verschiedene Atome absorbieren und emittieren ihre unverwechselbar charakteristischen Lichtfrequenzen im

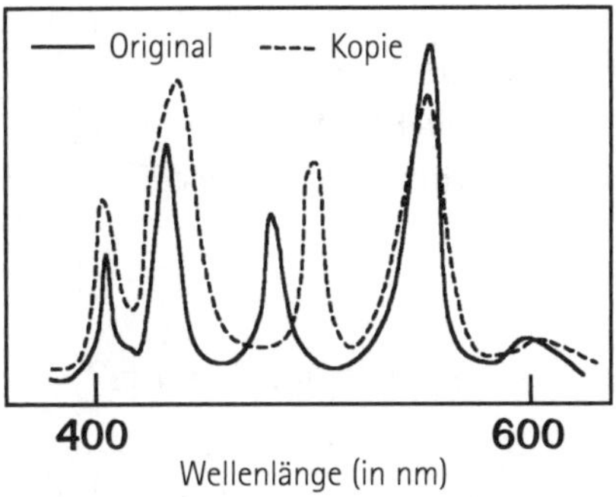

sichtbaren und im ultravioletten Bereich. Die vorhandenen Arten von Atomen sowie die Intensität des typischen Spektrums von jeder Atomart bilden den »spektralen Fingerabdruck« eines Künstlers. Wir wissen, dass manche Künstler beispielsweise einfach die Umrisse des Gemäldes zeichneten, und ihre Gehilfen füllten dann die Bereiche aus, während der Meister schließlich das Bild vollendete. Selbst diese Gemälde haben ihren eigenen spektralen Fingerabdruck.

Mit einem abstimmbaren Laser, der von den infraroten bis zu den ultravioletten Frequenzen scannen kann, lässt sich der spektrale Fingerabdruck von jedem Bildbereich festhalten und mit anderen Gemälden desselben Künstlers oder sogar von anderen Künstlern, also auch von betrügerischen Kopisten, vergleichen. Für eine umfassende Bewertung kombiniert man normalerweise diese Lasermethode mit anderen Methoden.

Die Lasertechnik ermöglicht auch die Identifikation und Entfernung von umweltbedingten Schmutz- und Rußschichten auf dem Gemälde und garantiert, dass das Bild selbst nicht beschädigt wird. Als man Rembrandts berühmtes Gemälde *Die Nachtwache* von 1642 im Amsterdamer Rijksmuseum von diesen Schichten befreit hatte, traten plötzlich wunderbar helle Gesichter aus dem etwas stumpfen dunklen Hintergrund hervor, der jahrhundertelang existiert hatte.

27. Aufhebung des Doppler-Effekts?

Ja. Betrachten wir zunächst den Emissionsprozess. Normalerweise tritt bei einer typischen elektrischen Dipolemission ein einzelnes Photon aus dem Atom infolge eines zugelassenen Übergangs innerhalb des Atoms aus, der die Energie und das Drehmoment erhält – das heißt, das Drehmoment des Atoms ändert sich um ±1 Einheit des Planck'schen Wirkungsquantums $h/2\pi$. Die Wahrscheinlichkeit aller anderen Emissionsprozesse ist um den Faktor 1/137 oder eine höhere Potenz dieses Faktors geringer.

Ein elektrischer Quadrupolemissionsprozess mit zwei Photonen ist möglich zwischen zwei Atomzuständen mit einem Drehmoment, dessen Wirkungsquanten sich um null oder zwei Einheiten von $h/2\pi$ unterscheiden. Die in diesem Quadrupolemissionsprozess emittierten zwei Photonen weisen ein breites kontinuierliches Spektrum von möglichen Energien auf. Ein ganz geringer Bruchteil dieser Zwei-Photonen-Emissionen wird zwei Photonen mit der gleichen Energie absondern, die in entgegengesetzten Richtungen abgehen, und keinen Rückstoß des Atoms erzeugen. Die Zwei-Photonen-Emission aus Wasserstoff, dem ersten Atom, an dem sie gemessen wurde, wurde in den Vierzigerjahren des vorigen Jahrhunderts mit Hilfe der Quantenelektrodynamik (QED) berechnet. Heutzutage sind Zwei-Photonen-Emissionen nach Laserstimulationen für viele Anwendungen in der optischen Forschung allgemein üblich.

Ebenso möglich ist die gleichzeitige Zwei-Photonen-Absorption. Ein Käfig mit einzelnen Atomen wird zwischen zwei entgegengesetzt strahlende Laserquellen gebracht, die zwei Laserstrahlen mit identischer Frequenz auf ein Atom abgeben, sodass Energie und Drehmoment erhalten bleiben und es zu einer rückstoßfreien Absorption kommen kann. Mit dieser erstmals in den Siebzigerjahren des vorigen Jahrhunderts praktizierten Methode konnten die genauen Energieabstandswerte innerhalb von Atomen ermittelt werden. Heute spielt die Zwei-Photonen-Absorption mit nichtidentischen Energien eine entscheidende Rolle bei der Umwandlung von Laserlicht in höhere Frequenzen, um kohärente Strahlen im UV-Bereich zu erzielen und Lichtquellen mit präzisen Frequenzen zu erhalten.

Auf der atomaren Ebene sind rückstoßlose Gammastrahlenemission und -absorption möglich, wenn der ganze Kristall gleichzeitig mit der Photonenemission oder -absorption einen Rückstoß erfährt. Dieser in den Fünfzigerjahren des vorigen Jahrhunderts von Mößbauer entdeckte Übergangseffekt beruht darauf, dass man im Prinzip den betreffenden einzelnen Atomkern nicht ermitteln kann, und enthält einen Exponentialfaktor, der proportional zum negativen Verhältnis zwischen der Temperatur des Kristalls und seiner Debye-Temperatur ist.

Dazu eine interessante historische Anmerkung. 1917 erkannte Albert Einstein als einer der Ersten, dass sich die spontane Emission von Licht aus Atomen nicht mit dem klassischen Elektromagnetismus erklären lässt. Insbesondere gelangte er zu der Schlussfolgerung, dass ein Atom bei einer spontanen Emission einen Rückstoß erfahren muss, was den symmetrischen Feldverteilungen nach der auf Maxwells Gleichungen basierenden Theorie des Elektromagnetismus widersprach. Einstein erklärte: »Ausstrahlung in Kugelwellen gibt es nicht«, denn wenn ein Atom eine klassische Kugelwelle abstrahlen würde, könnte es keinen Rückstoß erfahren.

28. Lichtpinzette

Ja. Ein konzentrierter Laserstrahl kann eine Kraft senkrecht zur Strahlrichtung ausüben, die 2×10^{-12} Newton oder mehr beträgt, um Zellen in einem Mikroskop an der optischen Achse festzuhalten. Der Intensitätsgradient im Querschnitt des Lichtstrahls ist die Quelle dieser Kraft.

Stellen wir uns in der einfachsten Versuchsanordnung ein semitransparentes Objekt mit einem Durchmesser vor, der größer als die Wellenlänge des einfallenden Lichts, aber kleiner als der Durchmesser des einfallenden Lichtstrahls ist. Die Lichtquelle sei ein paralleles Bündel von Lichtstrahlen der gleichen Frequenz, wie in einem Laserstrahl, der durch eine symmetrische Linse auf den Punkt f fokussiert wird. Das Objekt neigt dazu, die Lichtstrahlen ein wenig zu fokussieren, indem es deren Richtung ändert. Der seitliche Rückstoß, den das Objekt erfährt, dient einfach dazu, das lineare Drehmoment zu erhalten. Wenn der Lichtstrahl einen Intensitätsgradienten hat, der in der Mitte stärker als am Rand ist, erfährt das Objekt einen Nettorückstoß hin zur optischen Mittelachse. Es muss auch ein Rückstoß des Objekts in Richtung des ursprünglichen Lichtstrahls erfolgen, der meist vom Apparat und der Erde aufgenommen wird, weil sich das Objekt auf einer hori-

zontalen Plattform befindet. Ein einzelliges Pantoffeltierchen lässt sich mit dieser Lichtpinzettentechnik, die in den Siebzigerjahren des vorigen Jahrhunderts in den Bell Labs entwickelt wurde, gut in einem Mikroskop fixieren.
Wenn das Objekt kleiner als die Wellenlänge des einfallenden Lichts ist, lassen sich die 3-D-Fixierung und die Quanteninterferenzeffekte nur mit Hilfe einer aufwändigeren Analyse verstehen.
Optische Pinzetten werden seit mehreren Jahrzehnten in den unterschiedlichsten Bereichen verwendet, von Experimenten mit Molekularmotoren in der Biologie bis hin zur Bewegung von Bose-Einstein-Kondensaten in der Physik.

29. Leuchtstofflampen

Heute werden für künstliches Licht über 25 Prozent der weltweit erzeugten Elektrizität verbraucht. Es gibt zwei Trends bei den »Energiespartechniken«: zum einen die Verwendung verbesserter Lampen wie Leuchtstoff-, Quecksilber- und Halogenlampen, zum anderen die Verbesserung der Konstruktion der elektronischen Schaltkreise für solche Lampen.
Leuchtstofflampen sind zwar vier bis sechs Mal leistungsfähiger als Glühlampen, doch inzwischen gibt es viele andere Arten von Lichtquellen, die sogar noch leistungsfähiger sind. Bei der Leuchtstofflampe wird ihre effiziente Erzeugung von UV-Licht durch eine Pulverbeschichtung im Inneren der Röhre in den Bereich des sichtbaren Lichts ausgeweitet. Dieses Pulver absorbiert das UV-Licht und fluoresziert im Bereich des sichtbaren Lichts. Dabei wird die Leuchtstofflampe nur ganz wenig erwärmt, sodass der Energiespareffekt bereits vor der Erzeugung von sicht-

barem Licht eintritt, weil nur ganz wenig elektrische Energie in Wärmeenergie umgewandelt wird. Da der Umwandlungsprozess in der Pulverschicht stattfindet, ist die Leuchtstoffröhre für die Raumbeleuchtung gut geeignet.
Warum also ist die Glühbirne so ineffizient, da sie nur etwa vier bis zwölf Prozent der elektrischen Energie in sichtbares Licht umwandelt? Die Glühlampe ist einfach ein Widerstand, dessen Glühfadentemperatur so lange ansteigt, bis sie Wärmeenergie im gleichen Maß abgibt, wie diese im Glühfaden erzeugt wird. In einer Standardglühbirne von 100 Watt beträgt die Glühfadentemperatur rund 2550 °C, sodass die Wärmestrahlung aus dem Glühfaden eine erhebliche Menge sichtbares Licht enthält.
Der Output beträgt 17,5 Lumen pro Watt, gegenüber einem Maximum von 240 Lumen pro Watt, wenn alle Energie in sichtbares Licht umgewandelt werden könnte. Der Grund für diesen schwachen Wirkungsgrad ist die Tatsache, dass Wolframglühfäden bei jeder Temperatur, der sie standhalten können, meist Infrarotstrahlung abgeben. Ein idealer Wärmestrahler erzeugt sichtbares Licht am wirkungsvollsten bei Temperaturen um etwa 6300 °C (etwa 6600 K). Selbst bei dieser hohen Temperatur ist die Strahlung großenteils entweder infrarot oder ultraviolett, und die theoretische Leuchtkraft beträgt 95 Lumen pro Watt.
Die meisten Leuchtstofflampen geben überwiegend Licht im sichtbaren Teil des Spektrums sowie auch etwas UV-Licht ab, aber nur in einem schmalen Bereich des UV-Spektrums. Leider deckt ihr UV-Strahlungsbereich nicht die beiden kleinen UV-Lichtbereiche ab, die wir Menschen benötigen, damit bestimmte innere Organe, die einen Teil des durch die Haut dringenden UV-Lichts empfangen,

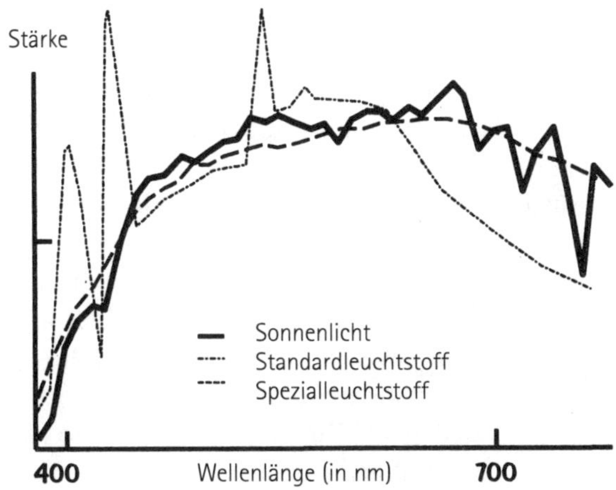

sowie die Produktion von Vitamin D aus dem 7-Dehydrocholesterol in der Haut am besten funktionieren.
Es gibt jedoch spezielle Leuchtstofflampen, die für uns günstiger sind, weil sie das Sonnenlicht nachahmen und ein entsprechendes UV-Spektrum erzeugen. Denn wenn die erforderlichen UV-Teile des Umgebungslichts fehlen, kann dies zu bestimmten Krankheiten führen. Und wenn in der Haut kein Vitamin D produziert wird, können Rachitis und andere Probleme beim Stoffwechsel von Kalzium und anorganischem Phosphat die Folge sein. Eskimos und andere Naturvölker beziehen genügend Vitamin D aus den Fischölen in ihrer Nahrung.

30. Der phasenkonjugierende Spiegel

Ja, das Licht kann ungestört zurückkehren, wenn die Lichtwelle ihren ursprünglichen Pfad gleichsam als ihr zeitlich umgekehrter Zwilling zurückverfolgt und das

Medium seine vorherige Integrität bewahrt. Die Phasenkonjugation einer Welle besitzt zwar genau die gleichen räumlichen Eigenschaften wie die Originalwelle, ist aber, wie der Physiker sagt, zeitlich umgekehrt. Das heißt, eine Phasenkonjugationswelle verfolgt exakt den Pfad des ursprünglichen Strahls zurück. Diese Methode hat eine nützliche Eigenschaft: Wenn ein Lichtstrahl sich durch ein störendes Medium fortpflanzt, dann wird die Phasenkonjugation erzeugt, und diese konjugierte Welle folgt dem Pfad zurück durch das störende Medium und ermöglicht es, dass die ungünstigen Auswirkungen des störenden Mediums reduziert oder eliminiert werden. Phasenkonjugation ist somit der allgemeine Begriff für einen Vorgang, bei dem sowohl die Richtung der Fortpflanzung der Welle wie der gesamte Phasenfaktor einer Wellenfunktion umgekehrt werden.

Manche Laserlichtquellen haben optische Phasenkonjugatoren, um damit eine Verzerrung im Laserstrahl zu beseitigen. Eine optische Phasenkonjugation tritt auch bei der

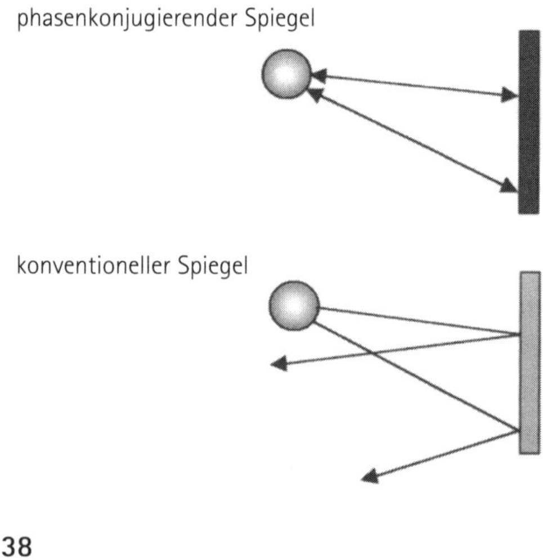

so genannten 4-Wellen-Mischung auf, bei der sich die Signalwelle, die Referenzwelle, die konjugierte Referenzwelle und die phasenkonjugierte Welle mischen. Eine weitere nützliche Anwendung des phasenkonjugierenden Spiegels könnte darin bestehen, dass man einen solchen Spiegel in einen Reflektorpfad eines Interferometers als Referenz setzt, um Veränderungen im anderen Pfad festzustellen.

31. Stationäre Zustände

Im Bohr-Modell des Wasserstoffatoms würde man die Frequenz der Umlaufbewegung des Elektrons mit $f = 2\pi r/v$ berechnen. Nach dem Virial-Theorem ergeben die doppelte kinetische Energie und die potenzielle Energie null, sodass $mv^2 = ke^2$, und daraus folgt, dass die Frequenz der Umlaufbahn des Elektrons $f = n^3 \mathrm{h}^3/(4\pi^2 me^4)$. Die tatsächliche Bohr-Energie $E = -2\pi^2 me^4/(n^2 \mathrm{h}^2)$ ist eindeutig eine andere Größe, und bei einem Elektronensprung zwischen zwei Energiezuständen ist $E_2 - E_1 \neq \mathrm{h}f_2 - \mathrm{h}f_1$.

32. Der Drehimpuls

Wenn wir die Raumquantisierung des Drehimpulses als gegeben annehmen, dann gibt es $(2j + 1)$ Komponenten in der z-Richtung von j bis $-j$, die bei jedem Schritt um ein Ganzzahliges abnehmen. Da es keine bevorzugte Richtung gibt, ist $J^2 = J_x^2 + J_y^2 + J_z^2$, das heißt, $J^2 = 3 \langle J_z^2 \rangle_{avg}$, wobei avg den Durchschnittswert darstellt, der durch $[j^2 + (j - 1)^2 + \ldots + (-j + 1)^2 + (-j)^2]\mathrm{h}^2/(4\pi^2[2j + 1])$ gegeben ist. Mit Hilfe einer mathematischen Tabelle oder wenn man die Summe der Reihe der quadrierten ganzen Zahlen direkt ermittelt, kann man verifizieren, dass $J^2 = j(j + 1)h^2/4\pi$.

33. Kinetischer Laser

Die Explosion des Lasermaterials erzeugt viele freie Elektronen, wobei einige davon aus niedrigen Atomzuständen herausgerissen werden, um die für den Laserbetrieb erforderliche Besetzungsinversion herbeizuführen. Dafür lässt sich praktisch jedes Material verwenden. Während einer extrem kurzen Zeitspanne nach der Explosion – in der Größenordnung von Nanosekunden – kann es zur stimulierten Emission kommen, wenn Photonen aus dem explodierenden Material aus dem expandierenden Sprengvolumen austreten. Diese Photonen passieren Bereiche der expandierenden Wolke von ionisierten Trümmern und können die Emission vieler weiterer Photonen im selben Quantenzustand mit der gleichen Wellenlänge stimulieren. Die resultierende kohärente Strahlung mit vielen Frequenzen, einschließlich des Bereichs der weichen Röntgenstrahlung, wird Intensitätsspitzen in bestimmten Richtungen aufweisen.
Einige der ersten kinetischen Laserexplosionen wurden in den Siebziger- und Achtzigerjahren des vorigen Jahrhunderts im Livermore National Laboratory mit explodierenden Folien und dem Nova-Lasersystem durchgeführt. Seit der ersten Demonstration des weichen Röntgenstrahlenlasers – mit Emissionswellenlängen von etwa 10 oder mehr Nanometer –, der mit dem Kollisionsauslösungsmechanismus in neonartigem Selen arbeitete, sind viele andere neonartige Ionen in Lasern eingesetzt worden, von Kupfer (Z = 29) bis zu Silber (Z = 47). Erfolglos hingegen

waren Versuche, neonartige Röntgenstrahlenlaser mit niedrigerem Z zu produzieren.
Für die Konstruktion eines Röntgenstrahlenlasers als Tischgerät, für den man kleinere Hochenergie-Laserantriebe als Nova benötigen würde und der bei der biologischen Bildverarbeitung, in der nichtlinearen Optik, in der Holographie und so weiter eingesetzt werden könnte, hat man eine so genannte Prepulse-Technik entwickelt. Diese Technik wird erfolgreich bei der Produktion von Lasern mit vielen neonartigen Ionen mit niedrigerem Z wie Titan (Z = 22), Chrom (Z = 24), Eisen (Z = 26) und Nickel (Z = 28) angewendet. Dank der Prepulse-Technik konnte eine neue Klasse von neonartigen Röntgenstrahlenlasern für die Forschung erschlossen werden.

34. Noninversions-Laser

Laser ohne Inversion (LWI) funktionieren immer dann, wenn es zur Absorptionsunterdrückung kommt. Dann ist sogar eine Lichtverstärkung möglich, wenn die Besetzung auf der höheren Ebene geringer als auf der tieferen Ebene ist. Diese Unterdrückung kann in einem Drei-Niveau-System in einem Atom herbeigeführt werden, in dem die beiden Absorptionsübergänge zum selben Endzustand miteinander interferieren und sich aufheben, sodass die Absorptionswahrscheinlichkeit null beträgt.
Im folgenden Diagramm ist der Zustand der höheren Niveaus |a mit den tieferen Ebenen |b und |c verbunden. Dazu werden Photonen mit den geeigneten Energien E1 und E2 verwendet, die den Übergängen von |a nach |b beziehungsweise von |a nach |c entsprechen. Die Unbestimmtheit in diesen Atomübergängen führt zur Inter-

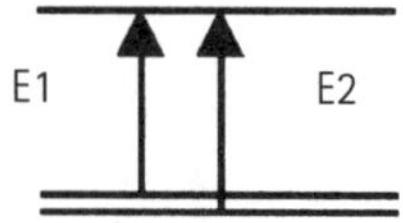

3-Zustände-System

ferenz, da die Übergänge im selben Endzustand enden. Es lässt sich nicht feststellen, welcher Absorptionsübergang zum Endzustand tatsächlich auftrat, und daher braucht man wie beim Young'schen Doppelspaltexperiment die Interferenz. Zwischen den Emissionspfaden gibt es keine Interferenz, da sie unterschiedliche Endzustände haben. Wenn man die Phasen der beiden eintreffenden Lichtstrahlen richtig arrangiert, kann man bewirken, dass die Interferenz die Absorption völlig unterdrückt. Dann bleibt als einziger Prozess die stimulierte Emission übrig.

35. Das Röntgenstrahlen-Paradoxon

Der Brechungsindex n eines Materials bezieht sich normalerweise auf die *Phasengeschwindigkeit*. Die Phasengeschwindigkeit ist $v_{\mathrm{ph}} = c/n(k)$, wobei der Index eine Funktion der Wellenzahl k ist. Wenn $n(k) < 1$ ist, dann ist die Phasengeschwindigkeit größer als die Lichtgeschwindigkeit im Kristall. Es besteht kein Grund zur Beunruhigung, dass die Energie schneller als c befördert wird, denn die Gruppengeschwindigkeit des Wellenpakets ist noch immer kleiner als c.

Aufgrund der nicht unendlichen Ausdehnung von Raum und/oder Zeit erfordert das Fortpflanzen harmonischer

Wellen prinzipiell in allen physikalischen Beispielen Wellenpakete oder Gruppen. Mit diesen Wellenpaketen oder Gruppen sind zwei Geschwindigkeiten verbunden: die Phasengeschwindigkeit und die Gruppengeschwindigkeit. Harmonische Wellen oder Komponenten haben eine Phasengeschwindigkeit $v_{ph} = \varpi / k$, wobei $\varpi = 2\pi f$ und f die Frequenz ist. Diese Phasengeschwindigkeit ist die Geschwindigkeit, mit der sich die Wellenfronten fortpflanzen. Eine Gruppe harmonischer Wellen oder ein Wellenpaket hat eine Gruppengeschwindigkeit $v_g = d\varpi / dk$, und das ist die Geschwindigkeit, mit der die Paketform oder -hülle sich fortpflanzt – das heißt, die Geschwindigkeit, mit der Information oder Energie transportiert wird.

Auf der atomaren Ebene kann das Verlangsamen von Licht beim Passieren eines Materials als ein kontinuierlicher Prozess der Absorption und Emission von Photonen betrachtet werden, während sie mit den Atomen des Materials wechselwirken. Man nimmt an, dass die Photonen sich zwischen jedem Atom mit c fortpflanzen, genau wie in einem Vakuum. Wenn sie auf die Atome auftreffen, werden sie absorbiert und fast sofort wieder emittiert, wobei es an jedem Atom zu einer geringen Verzögerung kommt, die (in einem entsprechend großen Maßstab) anscheinend insgesamt die Geschwindigkeit der Photonen reduziert. Quantenmechanisch gesehen ist die Streuung ein Zwei-Stufen-Prozess, bei dem das eintreffende Photon absorbiert und ein neues Photon emittiert wird.

Experimente in anderen Bereichen des elektromagnetischen Spektrums, besonders im Bereich des sichtbaren Lichts, haben ergeben, dass man durch vorübergehende Speicherung der Phaseninformation des einfallenden Lichtstrahls in einem Gasdampf den Lichtpuls sogar stoppen kann!

36. Der Benzolring

Der Benzolring weist eine sechsfache Rotationssymmetrie um eine Achse auf, die senkrecht zur Ebene des Rings verläuft. Man benötigt also einfach eine Wellenfunktionslösung der Schrödinger-Wellengleichung, die diese sechsfache Symmetrie hat, und eine solche Lösung ist leicht zu finden. Wenn man diese Lösung kennt, würde man meinen, könnte man die Energieniveaus berechnen.
Doch das ist noch nicht alles. Es gibt nämlich zwei mögliche Konfigurationen des Grundzustands des Rings, wie sie die Zeichnung zeigt.

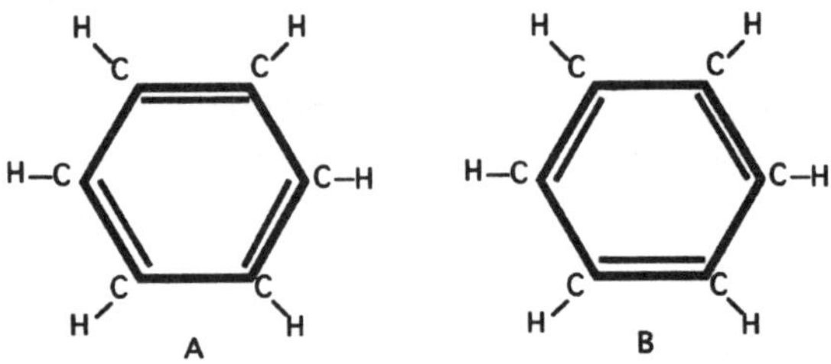

Beide Zustände müssten die gleiche Energie haben, und dies ist auch der Fall. Somit haben wir es eigentlich mit einem Zwei-Zustände-System zu tun, vergleichbar mit dem Wasserstoffmolekülion oder dem Ammoniakmolekül, und darum muss sich die Analyse mit einem Zwei-Zustände-System befassen. Es besteht die Möglichkeit, dass sich die Konfiguration A zur Konfiguration B verändert. Folglich ergibt sich nach der Quantenmechanik, dass zwei neue stationäre Zustände auftreten, nämlich ein Zustand (der neue Grundzustand), dessen Energie niedriger ist als beim zuvor ermittelten (niedrigsten) Grundzustand, und ein zweiter Zustand mit höherer Energie. Der neue Grundzustand wird keiner der beiden oben gezeigten Konfigurationszustände sein, sondern eine lineare Kombination dieser beiden Konfigurationszustände. Nur dieser Zustand ist vom chemischen Verhalten von Benzol bei Raumtemperatur betroffen.

Die Interpretation des Benzols lieferte eine der ersten Bestätigungen für die lineare Überlagerung von Zuständen, die im Mittelpunkt der Quantenmechanik steht, und deutete auch darauf hin, dass die Quantenmechanik auch im größeren Maßstab als dem der atomaren Ebene erfolgreich angewendet werden kann.

37. Graphit

Nehmen wir an, wir würden identische Atome zu einer Diamantkristallstruktur anordnen. Zunächst würden wir mathematisch mit Hilfe der Schrödinger-Gleichung eine Wellenfunktion für die vier Bindungselektronen finden – das Ergebnis sind so genannte sp^3-Umlaufbahnen. Dann würden wir die periodische Symmetrie im Kristall darstellen. Jedes Kohlenstoffatom wird mit seinen nächsten Nachbarn vier orthogonale Bindungen mit Tetraeder-Symmetrie eingehen, wenn es kann. Diese Diamantstruktur ist eine Möglichkeit, diese Bindungen einzugehen.

Eine andere Möglichkeit für vier Kohlenstoffbindungen besteht darin, dass sechs Kohlenstoffatome einen regelmäßigen hexagonalen Ring mit zwei Bindungen im Ring für jedes Kohlenstoffatom bilden, während sich die anderen beiden Bindungen senkrecht zum Ring erstrecken, eine nach oben und die andere nach unten. Nachdem wir die Energiezustände der vier Kohlenstoffbindungszustände berechnet haben, erfahren wir, dass die zwei senkrechten Bindungszustände weniger sicher gehalten werden als die

Bindungszustände im Ring, die eine Ebene bilden. Diese Struktur ergibt Graphit, einen geschichteten Kristall, dessen Ebenen sich leicht verschieben lassen. Seit mehreren Jahrtausenden macht man die Schreibfläche von »Blei«-stiften aus Graphit.

Noch interessanter ist der Kohlenstoff in der Fullerenstruktur. Die sich ergebende fußballförmige Struktur aus 60 Kohlenstoffatomen hängt von vielen Faktoren ab, von der Geschwindigkeitsverteilung der freien Kohlenstoffatome vor der Kollision, der Bildung von Zwischenstrukturen und so weiter. Fullerene bilden sich im Allgemeinen, wenn man eine Graphitschicht »aufrollt« und Kohlenstoffpentagone hinzufügt, um eine Krümmung zu erzielen. Wenn man einfach die Schicht zu einem Zylinder zusammenrollt und die Enden mit Halbkugeln aus Pentagonen abschließt, erhält man eine Kohlenstoffnanoröhre. Diese Nanoröhren unterscheiden sich ziemlich von den traditionellen Fullerenmaterialien, und daher haben sie auch ganz andere Eigenschaften.

38. Die Ozonschicht

Ozon hat zwei wichtige Funktionen in Bezug auf das Energiegleichgewicht der Erde. Als ein unbedeutendes Treibhausgas in allen Teilen der Atmosphäre, auch in der Nähe der Oberfläche, trägt Ozon dazu bei, dass die Durchschnittstemperatur der Erde etwa 13 °C statt eisiger –17 °C beträgt. Die Konzentration von Ozon in der oberen Atmosphäre hingegen regelt die UV-Intensität in dem Teil des Sonnenlichts, das die Erdoberfläche erreicht.

Alle Organismen benötigen etwas UV-Licht, um gesund zu bleiben, aber jede Verringerung von Ozon in der oberen

Atmosphäre könnte dazu führen, dass gefährlich große UV-Mengen die Oberfläche erreichen.
Die beiden Polregionen sind extrem anfällig für den Abbau der Ozonschicht, insbesondere durch Chlorfluorkohlenstoffe (CFK) und andere Treibhausgasmoleküle, weil die Eiskristalle in der Luft diesen CFKs Plattformen für die rasche Ozondissoziation bieten. Infolge des Ozonabbaus in der oberen Atmosphäre über den Polregionen, besonders über dem Südpol, leiden Landtiere wie Schafe in den südlichen Gegenden von Südamerika sowie in Australien und Neuseeland zunehmend unter Augenproblemen.

39. Treibhausgase

Die Treibhausgase halten einen Großteil der von der Erde zurückgestrahlten Infrarotstrahlung fest, und diese zusätzliche Energie trägt dazu bei, dass die Erde auf ihre gegenwärtige durchschnittliche Gleichgewichtstemperatur von

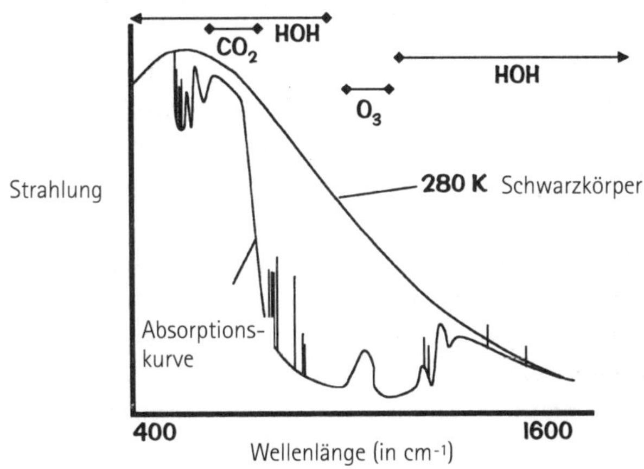

etwa 13 °C erwärmt wird. Ohne den Treibhauseffekt in unserer Atmosphäre läge die Oberflächentemperatur der Erde im Durchschnitt bei etwa 256 K oder −17 °C – für viele Lebensformen wäre das viel zu kalt. Der Treibhauseffekt hängt mit der Zufuhr von Sonnenlicht, seiner Absorption durch die Atome und Moleküle der Materie auf der Erde und der Rückstrahlung von Licht und Infrarotenergie in den Weltraum zusammen.

Während die Medien dem Kohlendioxid die größte Aufmerksamkeit widmen, ist Wasserdampf das bedeutendste Treibhausgas, weil das HOH-Molekül praktisch im gesamten Frequenzbereich des sichtbaren Lichts und des Infrarotspektrums Energie absorbiert, während Kohlendioxid nur in einem kleinen Bereich in der Nähe des Infrarotspektrums absorbiert. Wasserdampf trägt etwa zu 60 Prozent zum Treibhauseffekt bei, Kohlendioxid etwa zu 20 Prozent, und die anderen Spurengase in der Atmosphäre sind für die restlichen 20 Prozent verantwortlich.

Man geht davon aus, dass zusätzliche Treibhausgaskonzentrationen in der Atmosphäre noch mehr Infrarotstrahlung festhalten und damit wahrscheinlich die Temperatur noch weiter ansteigen lassen würden. Doch bislang gibt es noch kein überzeugendes umfassendes Modell von diesem Prozess. Jedes Modell der Erde ist mit vielen Komplikationen verbunden, etwa der Übertragung und Reflexion von Licht durch Wolken, den Bewegungen der Meeresströmungen, der durch Menschen verursachten Verstärkung und Abschwächung der Treibhausgase, den Störungen durch Vegetation, Landtiere und Meeresorganismen wie Plankton, dem Wärmeenergieinput aus zusätzlichen Wärmequellen wie dem Manteltransport von Wärmeenergie aus dem Erdinneren und den Auswirkungen des Bombarde-

ments durch kosmische Strahlung aus der Milchstraße und aus dem fernen Weltall.
Viele natürliche Temperaturrekorde sind in den letzten Jahrzehnten festgestellt worden, die zur Geschichte der Temperaturveränderungen beitragen – Schwankungen in der Durchschnittstemperatur, einem vage definierten Begriff, sind also nicht neu. Man geht anscheinend davon aus, dass die *Geschwindigkeit*, mit der sich die Durchschnittstemperatur derzeit erhöht, noch nie so groß gewesen ist. Ob sich diese Hypothese in naher Zukunft verifizieren lässt, hängt von besseren Modellen ab, also von stärkeren Computern, von der Berücksichtigung weiterer physikalischer und chemischer Prozesse und/oder einem definitiven, unzweideutigen Beweis.

40. LED oder LCD?

Wir nehmen einmal an, dass alle die gleiche Auflösung haben; außerdem wissen wir, dass alle drei Displayarten – LED, LCD und Plasma – Energie benötigen. Aber der Energiebedarf des LCD-Displays wird überwiegend vom Umgebungslicht gedeckt, während LED- und Plasma-Bildschirme ihre ganze Energie aus einer elektrischen Stromquelle beziehen, also aus einer Batterie oder aus der Steckdose. Darüber hinaus kann ein Plasma-Bildschirm erhebliche Wärmeenergie produzieren, und darum ist sein Energiebedarf größer, als er für das einfache Erzeugen eines Bilds erforderlich wäre. Natürlich gibt es LCD-Displays, die ihr eigenes Umgebungslicht liefern müssen, wenn sie in einer dunklen Umgebung verwendet werden, und daher haben diese Displays in einem solchen Betriebsmodus einen zusätzlichen Energiebedarf.

Kurzum: LCDs verbrauchen viel weniger Strom als LED- und Plasma-Bildschirme, weil LCDs nach dem Prinzip funktionieren, dass sie Licht blockieren, statt es zu emittieren.

41. Sonolumineszenz

Das durch Sonolumineszenz erzeugte Licht muss seinen Ursprung in atomaren Übergängen haben. Dabei springen Elektronen in angeregten Zuständen in Atomen auf tiefere Energieniveaus und emittieren Photonen zur Erhaltung der Energie und des Drehimpulses. Der entsprechende Apparat enthält destilliertes Wasser mit einer Beimischung von ein wenig Helium oder einem anderen Edelgas in einem kugelförmigen Gefäß, das von ein oder zwei piezoelektrischen Kristallen umgeben ist, die Schallwellen von praktisch jeder Frequenz aussenden. Nähere Einzelheiten zu diesem Apparat finden Sie auf vielen Internetseiten.
Die Schallenergie erzeugt Blasen im Wasser, die rasch implodieren und dabei aus ihrer zentralen Region einen Lichtblitz emittieren. Statt mit Schallwellen lassen sich die Blasen für den Lichtpuls auch mit einem starken Laser erzeugen. Das Spektrum des emittierten Sonolumineszenzlichtpulses ähnelt dem Schwarzkörperspektrum eines Objekts bei etwa 8000 K – einer höheren Temperatur als auf der Oberfläche der Sonne (6000 K)! Der Lichtpuls dauert zwar nur Pikosekunden, ist aber so stark, dass er mit dem bloßen Auge zu sehen ist.
Experimente stützen die populäre Theorie, dass ein Plasma innerhalb der Blase die Sonolumineszenz verursacht. Dabei wurden die Pulsspektren mit der Strahlungskurve eines Schwarzkörpers verglichen, und auf diese Weise stellte

man die Entsprechung zu Plasmatemperaturen von etwa 8000 K fest. Das Gas in der Blase wird ein partiell ionisiertes Plasma, und die Strahlung wird durch eine Energiekaskade emittiert, die von Ionen über Elektronen bis zu Photonen verläuft.
Die genauen Vorgänge wird man schließlich verstehen, wenn man schnellere optische Reaktionssysteme zur Verfügung hat, mit denen sich die zeitliche Entwicklung des Lichtemissionsprozesses besser verfolgen lässt. Und wie rasch ein moderner Fotodetektor arbeitet, misst man inzwischen daran, welche Anfangsphasen des Sonolumineszenzlichtpulses er unterscheiden kann.

42. Sich selbst abpumpendes flüssiges Helium

Bei Temperaturen nahe dem absoluten Nullpunkt wird normales flüssiges He I supraflüssiges He II, indem es einen Phasenübergang der zweiten Ordnung erfährt. Seine He-Atome können sich ohne Viskosität in der Supraflüssigkeit bewegen. Suprafluidität ist ein quantenmechanisches Phänomen, bei dem ein makroskopisches Volumen (in der Größenordnung von Zentimetern) einer Flüssigkeit sich wie ein einzelnes makroskopisches Teilchen verhält und das sich mit einer Schrödinger-Gleichung für Einzelteilchen beschreiben lässt.
Supraflüssiges He II bildet in einem offenen Gefäß sofort einen Film, der die Wände hoch-, über den Rand hinweg- und die Außenseiten hinabkriecht, bis das Gefäß leer ist. Auch normale Flüssigkeiten lassen sich mit Saughebern aus Behältnissen herausholen, aber nur wenn ihre Bewegung von außen eingeleitet wird! Die festen Oberflächen, die sich in Kontakt mit He II befinden, sind von einem

50 bis 100 Atome dünnen Film bedeckt, in dem die Flüssigkeit reibungslos fließt. Vermutlich vollzieht sich der Massentransportfluss im He-II-Film mit einer konstanten Geschwindigkeit, die nur von der Temperatur abhängt.

Während sich die Atome von flüssigem He II die Wand hoch bewegen, gewinnen sie potenzielle Energie. Welcher Prozess liefert diese Energie? Er basiert auf der Fähigkeit von Heliumatomen, jede Oberfläche zu benetzen – das heißt, normale flüssige He-I-Atome kleben an der Wand. Die zwischen Heliumatomen auftretende Kraft ist die schwächste zwischenatomare Kraft, weil die K-Elektronenschale abgeschlossen ist und die Nullpunktsbewegung der leichten Heliumatome signifikant ist. Daher sind die Kräfte, die zwischen Heliumatomen und anderen Atomen auftreten, weitaus stärker. Somit würden sich Heliumatome eher neben allen anderen Atomen als neben einem anderen Heliumatom befinden. Darum bilden He-Atome rasch einen Film, wenn sie an die Wand des Behälters gelangen, weil die Anziehung zwischen Helium und anderen Stoffen die potenzielle Energie und so weiter absenkt, während sie eine potenzielle Gravitationsenergie gewinnen. Diese an der Wand klebenden He-Atome befinden sich nicht mehr in der Supraflüssigkeitsphase, weil ihre Fließgeschwindigkeiten nun unterhalb eines kritischen Geschwindigkeitswertes liegen.

Die Dicke des Films beschränkt sich normalerweise auf wenige hundert Atomdurchmesser, weil bei einer gewissen Dicke der Vorteil, nahe der Wand zu sein, durch die Zunahme der potenziellen Gravitationsenergie aufgehoben wird. Während nun die normale Flüssigkeit an der Wand klebt, fließt das supraflüssige He II frei, während die He-Atome an der Wand als eine Art Saugheber fungieren.

43. Der Quanten-Hall-Effekt

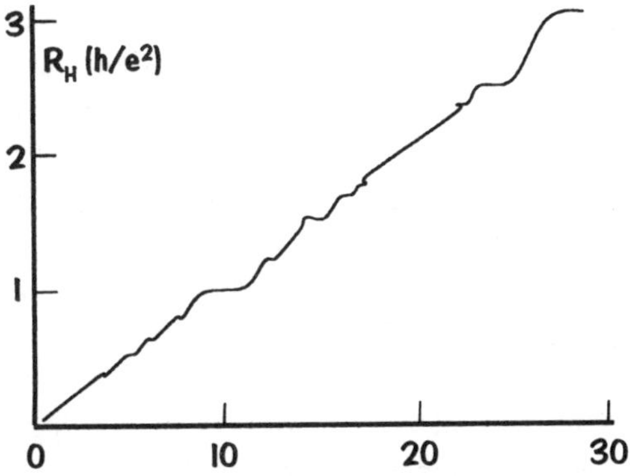

Magnetfeld (in Tesla)

In einem zweidimensionalen Metall oder Halbleiter wird der Standard-Hall-Effekt beobachtet, aber bei niedrigen Temperaturen treten eine Reihe von Stufen im Hall-Widerstand als eine Funktion des angelegten Magnetfelds auf, statt dass der Graph geradlinig ansteigt. Wenn man das Elektronensystem in der dritten Dimension so begrenzt, dass das Elektronengas auf zwei Dimensionen beschränkt ist, erfüllen nur spezifische Elektronenwellenfunktionen die Grenzbedingungen, sodass nur gewisse quantisierte Energieniveaus für die Elektronen zur Verfügung stehen. Diese Stufen oder Plateaus im Hall-Widerstand treten nur bei unglaublich präzisen Widerstandswerten auf, die für alle untersuchten Proben gleich sind – das heißt, der Widerstand ist gequantelt, in Einheiten von h/e^2 geteilt durch eine ganze Zahl (h ist die Planck'sche Konstante und e die Elementarladung). Dieses erstaunliche Ergebnis ist der Quanten-Hall-Effekt.

Zur Erinnerung: Elektronen haben einen Spin $^1/_2$ und folgen dem Pauli'schen Ausschließungsprinzip. Werden Elektronen zu einem Energieband hinzugefügt, füllen sie die verfügbaren Energiebandzustände, so wie Wasser einen Eimer füllt. Die Zustände mit der niedrigsten Energie werden zuerst gefüllt, anschließend die nächsthöheren. Am absoluten Temperatur-Nullpunkt (T = 0 K) werden alle Energieniveaus bis zur maximalen Energie aufgefüllt, der so genannten Fermi-Energie. Bei höheren Temperaturen stellt man fest, dass der Übergangsbereich zwischen völlig gefüllten Zuständen und völlig leeren Zuständen graduell und nicht abrupt ist. Er lässt sich mit der Fermi-Funktion beschreiben, die einen Wert von 1 für Energien hat, die mehr als ein Vielfaches der kritischen Energie kT unter der Fermi-Energie liegen, gleich $^{1}/_{2}$ ist, wenn die Energie gleich der Fermi-Energie ist, und exponentiell für Energien abnimmt, die einige Vielfache von kT größer als die Fermi-Energie sind.

Betrachten wir den idealen Fall einer stabilen Fermi-Energie und eines sich verändernden angelegten Magnetfelds. In Gegenwart des Magnetfelds ist die Dichte der Elektronenenergiezustände in 2-D nicht mehr konstant als eine Funktion der Energie und bündelt sich in diskreten Energieniveaus, den so genannten Landau-Niveaus. Sie weisen eine endliche Breite auf und sind durch die Zyklotronenergie getrennt, wobei Energiebereiche zwischen den Landau-Niveaus auftreten, wo es keine zulässigen Elektronenzustände gibt. Wenn das Magnetfeld höhere Werte annimmt, bewegen sich die Landau-Niveaus relativ zur Fermi-Energie.

Wenn die Fermi-Energie in einer Lücke zwischen Landau-Niveaus liegt, stehen keine Zustände zur Verfügung, in die gestreut werden kann, sodass es keine Streuung gibt und der elektrische Widerstand auf null fällt. Der Hall-Widerstand für den Hall-Strom kann seinen gequantelten Wert nicht verändern, wenn sich die Fermi-Energie in einer Lücke zwischen Landau-Niveaus befindet, und darum misst man ein Plateau. Nur wenn sich die Fermi-Energie im Landau-Niveau befindet, kann sich die Hall-Spannung ändern und ein endlicher Widerstandswert auftreten.

44. Integrierte Schaltkreise

Die Wärmeableitung ist das größte Problem bei ICs. Die schlichte, altmodische Wärmeenergie begrenzt also die Dichte von elektronischen Komponenten. Zwar schreitet die Miniaturisierung weiterhin fort, aber solange die Wärmeenergieproduktion pro Volumen nicht abnimmt oder man keine neuen geometrischen Pfade für den Wärmeenergietransport weg von den Quellen findet, ist das Spiel nicht zu gewinnen. Derzeit räumen 3-D-ICs vorläufig noch eine Schonfrist ein, aber selbst sie werden an ihre Grenzen stoßen.

Vielleicht gibt es einige kurzfristige Lösungen. Der beste Wärmeleiter unter den kristallinen Materialien ist Diamant, und somit könnte ein Trägermaterial aus Diamant das Problem lösen. Doch die industrielle Herstellung von Diamant kann noch nicht mit der Herstellung von Silizium konkurrieren. Außerdem würden Komponenten auf diesen Trägermaterialien, die erheblich weniger Energie benötigen, um als Gate zu fungieren, die überwältigende Auswirkung von Wärmeproblemen nur verzögern. Ein optischer Informationsaustausch zwischen den Komponenten würde zwar elektrische Ströme und ihre thermischen Effekte eliminieren, aber Silizium besitzt nicht die richtigen optischen Eigenschaften – daher erforscht man derzeit intensiv die Dotierung von Silizium, also die gezielte

Hinzufügung von bestimmten Fremdatomen, um die gewünschten optischen Eigenschaften zu erzielen.
In etlichen Jahrzehnten wird die Silizium- und Halbleitertechnologie vielleicht einfach durch irgendeine andere Technologie ersetzt, die derzeit nicht realisierbar erscheint oder die man sich nicht einmal in seinen kühnsten Träumen vorzustellen vermag.
Bei jedem festen oder flüssigen Material bestimmen Quantenstörungen von kosmischen Strahlen vielleicht die äußerste Grenze in der Dichte elektronischer Komponenten, es sei denn, dieses Problem lässt sich durch Redundanz lösen. Wer kennt schon die Möglichkeiten, die optische Systeme bieten, die auf Lichtinterferenz und Ähnlichem basieren? Was auch immer sich in den kommenden Jahrzehnten durchsetzen wird, dürfte um zahlreiche Größenordnungen kleiner und schneller und zugleich robuster als alles sein, was wir heute haben.

45. Atomcomputer?

Ja. Zum Beispiel kann man Elektronenspinrichtungen als binäre Halterungen nutzen. Selbst auf die Kernspins kann man zurückgreifen. Bereits heute verwenden Quantencomputer Kernspins zur Speicherung. In einem größeren Maßstab setzt man schon DNA-Moleküle für einen DNA-Computer ein.
Dem Bau eines Atomcomputers stehen zwar mehrere Schwierigkeiten entgegen, aber sie lassen sich alle durch clevere Techniken überwinden. Im Labor ist es bereits gelungen, Informationen in diese Atomsysteme einzugeben und aus ihnen herauszuholen. Ein anderes Problem besteht darin, wie man ihre festen Zustände aufrechterhält,

und das hängt davon ab, welche Art von System man verwendet. Kernspinsysteme werden seit den Vierzigerjahren des vorigen Jahrhunderts dank der Entwicklung der Kernmagnetresonanz ziemlich erfolgreich eingesetzt. Im Labor hat man auch Elektronenspinsysteme ganz gut im Griff. Wenn eine Isolierung des Systems erforderlich ist, dann funktionieren Vakuumkammern über genügend lange Zeiträume bei der Teilchenisolierung sehr zuverlässig.
Das andere Extrem stellen Ideen für Quantencomputer dar, die sich die Koffeinmoleküle in einer Tasse Kaffee zunutze machen. Sie werden ständig von den anderen Molekülen in der Flüssigkeit bombardiert, sodass die flüssige Umgebung eine rapide Dekohärenz des Systems herbeiführt. Doch die Tasse enthält unglaublich viele Koffeinmoleküle, mindestens 10^{20}. Für den Quantencomputer sind wahrscheinlich nur etwa eine Million erforderlich, die ihre Isolation für die Dauer der Rechenzeit – vielleicht für Mikrosekunden – bewahren, sodass ein solcher Computer vielleicht doch funktioniert.
So, wie die Dichte von Komponenten auf Integrierten Schaltkreisen aufgrund thermischer Effekte und des Bombardements durch kosmische Strahlen an ihre Grenzen stößt, wird man vielleicht auch bei Atomcomputern an ähnliche Grenzen gelangen. Je nachdem, welchen Typ von Atomcomputer man entwickelt, wird man feststellen, wie feindlich die Umwelt sein kann. (Siehe auch Frage 49)

46. Röntgenstrahlenlaser?

Es handelt sich um eine superstrahlende Röntgenstrahlenquelle.
Der Mechanismus der intensiven Röntgenstrahlenquelle scheint laut dem Erfinder dieser einzigartigen Strahlen-

quelle folgendermaßen zu funktionieren. Die Wolfram-Röntgenstrahlen aus der Cu-W-Röntgenstrahlenröhre schlagen in den Cu-Atomen im externen Kupferkristall K-Schalen-Elektronen und andere Elektronen heraus und erzeugen dadurch eine vorübergehende (etwa 10^{-15} Sekunden kurze) Besetzungsinversion. Die Kupfer-Röntgenstahlen wiederum, die gleichzeitig aus der Röhre kommen, stimulieren dann Übergänge in diesen Cu-Atomen, um die Cu-Kα_1-Linie im Bragg'schen Winkel zu den Cu(111)-Atomebenen zu erzeugen. Dieser Mechanismus ist sehr selektiv, da die Linie so schmal und intensiv und der Prozess so effizient ist, dass man keinerlei konkurrierende Cu-Kα_2-Emission zum verfügbaren 1s-Zustand feststellt. Mit der starken Einzelfrequenz-Röntgenstrahlenlinie analysiert man Materialien binnen Minuten, während man früher Stunden oder Tage benötigte, um genügend Daten zu sammeln.

Ob die Besetzungsinversion beim 2p-1s-Übergang in den äußeren Cu-Atomen tatsächlich stattfindet, ist nicht bekannt. Die Röntgenstrahlenemissionslinie ist untypisch schmal und stark, und das Fehlen der anderen konkurrierenden Linie deutet darauf hin, dass der Selektionsprozess sehr effizient sein muss. Laserquellen, die auf dem gleichen Mechanismus basieren, hat man auch aus Elementen wie Nickel hergestellt.

47. Bose-Einstein-Kondensat

Weil ein Bose-Einstein-Kondensat bei den kältesten Temperaturen gebildet wird, werden die Atome in ihrer Bewegung verlangsamt, bis sie fast stationär sind. Nach der de-Broglie'schen Gleichung hat jedes Atom mit der Masse m eine de-Broglie'sche Wellenlänge $\lambda = h/p$, wobei p ihr Impuls mv und h die Planck'sche Konstante ist. Wenn die Geschwindigkeit v weiter reduziert wird, damit die Atome abkühlen, nimmt die de-Broglie'sche Wellenlänge entsprechend zu. Schließlich werden Temperaturen erreicht, bei denen sich die Wellenlängen benachbarter und nahe gelegener Atome im Raum erheblich zu überlappen beginnen. Ein weiteres Abkühlen bringt alle Atome in engen Kontakt in einem kollektiven Quantenzustand. Es lassen sich keine individuellen Atome mehr unterscheiden, weil sie wie ein großes »Atom« agieren.

Die Erzeugung des ersten Bose-Einstein-Kondensats gelang erst 1995, obwohl die physikalischen Prinzipien seit den Zwanzigerjahren bekannt sind, als Einstein und Bose sie dargelegt hatten. Etwa 2000 Rubidiumatome im gasförmigen Zustand wurden auf 170 nanoK abgekühlt, als sie ein Bose-Einstein-Kondensat bildeten, das kleiner als 100 Mikrometer war. Das Kondensat existierte etwa 15 Sekunden lang und wurde weiter bis auf 20 nanoK abgekühlt.

48. Quantenpunkte

Quantenpunkte sind Kristalle, hauptsächlich Metall- oder Halbleiterkästen, die nur ein paar hundert Atome und eine genau definierte Anzahl von Elektronen enthalten. Die Anzahl der Elektronen lässt sich durch die elektrostatische Umgebung steuern. Der Trick besteht darin, dass man festlegt, wie viele Elektronen sich am Ende in jedem Quantenpunkt befinden.

Ein Elektron in einem 3-D-Kasten hat quantenmechanische Wellenfunktionen, wie sie mit den gegebenen Randbedin-

gungen aus der Schrödinger-Wellengleichung folgen. Diese Wellenfunktionen entsprechen diskreten Niveaus, deren Energie umgekehrt proportional zum Quadrat der Wellenlänge ist. Die Daten aus den ersten Quantenpunktspektren zeigten ziemlich viele Übergänge zwischen Elektronenenergieniveaus in dichten harmonischen Reihen. Später gelang es, die Punktgröße zu reduzieren und die Energieabstände dadurch zu vergrößern.
In jüngerer Zeit waren Forscher in der Lage, Quantenpunkte magnetisch miteinander zu verknüpfen. Mit entsprechenden Arrangements von Quantenpunkten lassen sich vielleicht Quantencomputer entwickeln.

Der Casimir-Effekt und andere Quantenprobleme

49. Die schizophrene Spielkarte

Nach den Regeln der QM müsste der Endzustand die Überlagerung der zwei alternativen Fallrichtungen sein, mit den gleichen Amplituden, nämlich ψ_1 nach links und ψ_2 nach rechts. Aber niemals sehen wir eine Karte gleichzeitig in beide Richtungen fallen. Jedes Luftmolekül, das mit der Karte kollidiert, ist gleichwertig mit einer Beobachtung, einem Messverfahren, sodass Regel 3 der QM anzuwenden ist und das Ergebnis auf das klassische Resultat reduziert wird und die Wahrscheinlichkeiten gleich groß sind, nämlich P_1, dass die Karte nach links, und P_2, dass die Karte nach rechts fällt.
Diese Reduktion der Wellenfunktion auf die klassischen Wahrscheinlichkeiten, die keine QM-Interferenz haben,

wird oft als Dekohärenz bezeichnet. Der ganze Prozess wird von der deterministischen Schrödinger-Gleichung gesteuert.

50. Schrödingers Katze

In der QM ist es irrelevant, ob Sie tatsächlich hineinschauen oder nicht. Wenn Sie *im Prinzip* den Zustand der Katze festgestellt haben könnten, reduziert sich die QM auf das klassische Ergebnis nach Regel 3. Die Katze ist jetzt entweder am Leben oder tot, aber nicht beides. Die zwei QM-Alternativen werden auf eine einzige Möglichkeit reduziert.

Beachten Sie, dass dieses Beispiel mit der Katze den Zusammenhang mit dem nichtintuitiven Verhalten der Natur auf der mikroskopischen Ebene auf die makroskopische Ebene unserer Alltagserfahrung versetzt. Kein Wunder, dass über dieses Beispiel und seine Interpretation ausgiebig und kontrovers diskutiert worden ist.

51. Wellenfunktionen

Über drei Dimensionen hinaus gibt es keine direkte Eins-zu-eins-Entsprechung zwischen vieldimensionalen Konfigurationsraumkoordinaten und den dreidimensionalen Koordinaten des Positionsraums.

Die irrige Annahme, von der hier die Rede ist, taucht in Darstellungen der Wellenfunktion für Zwei-Teilchen-Systeme auf, insbesondere dann, wenn sich die Zwei-Teilchen-Wellenfunktion auf das klassische Ergebnis reduziert. So begegnet man oft Fragen, wie sich denn die Wellenfunktion sofort auf das Ergebnis reduzieren könne, als ob es irgendeine Informationsübermittlung gäbe, die schneller als die Lichtgeschwindigkeit sei. Zum Glück reduziert sich die Zwei-Teilchen-Wellenfunktion im Konfigurationsraum und nicht im Positionsraum!

52. Kollaps der Wellenfunktion?

Die ursprüngliche Wellenfunktion $\Psi = \psi_1 + \psi_2 + \psi_3 + \ldots$ wird sich verändern. Das Sondenphoton hat die Elektronen in bestimmten imaginären Kästen nicht gestreut, und daher wissen wir sofort, dass die Wellenfunktion ihre Amplituden nicht enthalten dürfte. Man könnte sagen, es habe ein teilweiser Kollaps der Wellenfunktion stattgefunden, selbst wenn es zu keiner Wechselwirkung gekommen ist!

53. Quantencomputer

Ein Quantencomputer beruht darauf, dass seine lineare Überlagerung von Quantenzuständen – das heißt, $\Psi = \psi_1 + \psi_2 + \psi_3$, seine Kohärenz während der Berechnungen – aufrechterhalten wird, sodass alle Zustände an der Berechnung beteiligt sind. Somit ist die Quantendekohärenz schlecht für einen Quantencomputer. Eine Kollision mit der Wand der Kammer oder mit einem anderen Molekül wird die Kohärenz zerstören, weil eine Beobachtung gemacht worden ist. Nach der QM-Regel 3 erhalten wir nicht mehr die Summe der Amplituden ψ_1. Diese Dekohärenz ruiniert dann die Arbeit des Quantencomputers, weil nur noch ein Zustand an den Berechnungen beteiligt ist.

Mit der Aufrechterhaltung der Kohärenz in einem realen physikalischen System hat man im letzten Jahrzehnt langsam Fortschritte gemacht und Kohärenzzeiten von zehn und mehr Nanosekunden für drei identische, als Quantencomputer arbeitende Subsysteme erreicht. Niemand weiß, aus welcher Art von physikalischem System der künftige erste Quantencomputer mit 18 Subsystemen bestehen wird, aber die Rechengeschwindigkeit dieses Computers wird wahrscheinlich die Geschwindigkeit aller anderen klassischen Computer übertreffen.

54. Eine Tasse Kaffee als Quantencomputer

Kaffee enthält Koffeinmoleküle, die sich als Quantensubsysteme für einen Quantencomputer einsetzen ließen, weil sie zwei Ringe in einer Ebene enthalten, die mit vielen Wasserstoffatomen verbunden sind. Die Kernspinzustände der mit den Ringen verbundenen H-Atome können zur Informationsspeicherung wie bei einem Kernmagnetresonanzsystem (NMR) genutzt werden. Ein NMR-System ist nämlich eine Ansammlung von Kernspinzuständen in einem externen Magnetfeld, die dazu tendieren, die Spins auszurichten. Im einfachsten Idealfall bei einer Temperatur T ist das externe Magnetfeld B gleichförmig, und es gibt zwei Spinzustände, up und down. Sagen wir, B richte die Spins überwiegend auf den up-Zustand aus, und das Verhältnis von down- zu up-Spins werde durch den Exponentialfaktor $\mathrm{Exp}(-\mu B/\mathrm{k}T)$ bestimmt, wobei μ das Kernmagnetmoment und k die Boltzmann-Konstante ist. Ein äußerer Radiofrequenzpuls mit der richtigen Frequenz υ und der Energie $\mathrm{h}\upsilon = 2\,\mu B$ kann einen down-Spin in einen up-Spin für einen stimulierten Absorptionsübergang umwandeln oder durch eine Spinumwandlung von up zu down eine stimulierte Emission eines Photons auslösen.

Zurück zu unserer Tasse Kaffee. Die Flüssigkeit enthält etwa 10^{20} Koffeinmoleküle. Selbst wenn wir annehmen, dass alle Moleküle sich anfangs an Bündeln als kohärente Zustände vieler Quantencomputer in der Tasse kurz vor der Berechnung beteiligen, werden die meisten Bündel während der Rechenzeit von etwa einer Nanosekunde Kollisionen erfahren und aus der Ansammlung kohärenter Zustände des Systems herausfallen. Dennoch wird sich vielleicht noch immer eine signifikante Anzahl von Bündeln kohärenter Zustände beteiligen, wenn die Berechnungen abgeschlossen sind, und diese Bündel werden ein starkes Signal über dem Hintergrundrauschen abgeben. Zumindest hofft man das.

55. Die Bragg-Streuung von Röntgenstrahlen

Damit es zur Bragg-Streuung kommt, muss $\lambda < d$ sein – daher wird es keine kollektive Streuung von einer Streugruppe an *verschiedenen* Atomen innerhalb einer Wellenlänge geben. Die tatsächlichen Streukörper der Röntgenstrahlen sind die Elektronen in jedem Atom in diesen Ebenen des Kristalls. Eine kohärente Streuung erfordert feste Phasenbeziehungen, aber weder zwischen Elektronen auf verschiedenen Atomen noch zwischen den Elektronen, die die Streuung in jedem Augenblick bewirken, gibt es eine feste Phasenbeziehung. Daher haben die im Bragg-Winkel gestreuten Röntgenstrahlen eine Vielzahl beliebiger Phasen und keine festen Phasenbeziehungen. Die Streuungswahrscheinlichkeit ist proportional zu N, der Anzahl der

Streukörper, und nicht zu N^2, wie es bei kohärenter Streuung der Fall wäre.

Und so lässt sich das QM-Argument mathematisch formulieren. So sei ψ_i die Wahrscheinlichkeitsamplitude, mit der ein Röntgenstrahl am i-ten Atom gestreut wird.

Nach der QM-Regel 2 wissen wir, dass $\Psi = \psi_1 + \psi_2 + \psi_3 + \ldots$, nämlich für alternative Wege, von der Röntgenstrahlenquelle zum Kristall und zum Röntgenstrahlendetektor zu gelangen. Jedes ψ_i stellt ein Atom dar, und der Einfachheit halber gehen wir von Einzelstreuungen auf dem Weg zum Detektor aus. Jedes $\psi_i = \exp[i\delta]\ \phi_i$ und enthält einen Phasenteil $\exp[i\delta]$ und die identische Streuungsamplitude ϕ_i an den identischen Atomen im Kristall. Wenn der Phasenteil an jedem streuenden Atom identisch ist, dann hätten wir $\Psi = N\,\psi_1$ und die Wahrscheinlichkeit $P = N^2|\psi_1|^2$, die die kohärente Streuung proportional zu N^2 ergibt.

Es gibt jedoch keine korrelierte Bewegung zwischen Elektronen auf verschiedenen Atomen, sodass ihre Phasen beliebig sind. Wenn die Phasenunterschiede zwischen Streukörpern – das heißt den Elektronen auf verschiedenen Atomen – keine festen Unterschiede sind, dann ergibt sich die Summe aus beliebigen Phasen, und wie beim Irrfahrtproblem ist die Gesamtmenge proportional zu $\sqrt{N}$ statt zu N. Daher ist $\Psi = \sqrt{N\,\psi_1}$, sodass $P = N|\psi_1|^2$. Die Bragg-Streuung von Röntgenstrahlen ist somit kein kohärenter Streuungsprozess.

56. Schöne Gesichter

Die kohärente Streuung von Licht durch die Atome in der Haut ist der Grund dafür, dass wir ein Gesicht in all seinen Einzelheiten erkennen können. Das einfallende Umgebungslicht wird von den Molekülen der Haut gestreut. Zwei Faktoren sind für diesen zweistufigen Streuungsprozess von Bedeutung: die erforderliche Zeitspanne und die Anzahl der kohärenten Streukörper. Im sichtbaren Bereich des elektromagnetischen Spektrums tritt dieser Streuungsprozess in Atomen in weniger als 10^{-8} Sekunden über einer Fläche der Haut auf, die etwa eine Million Atome innerhalb eines Kreises mit einem Radius von rund einer Wellenlänge des Lichts umfasst. Die Wellenlänge von grünlichem Licht beträgt etwa 500 Nanometer.

Betrachten wir nun die Streuung von je einem einfallenden Photon. Während der Streuungszeit eines einzelnen Photons durch diese eine Million alternativer Wege gibt es fast keine Bewegung der streuenden Atome in den Molekülen, sodass die alternativer Wege im Prinzip feste Phasenbeziehungen haben. Nach der QM-Regel 2 ist $\Psi = \psi_1 + \psi_2 + \psi_3 + \ldots$, und $\Psi = N\psi_1$ mit der Wahrscheinlichkeit $P = N^2|\psi_1|^2$, sodass wir eine kohärente Streuung proportional zu N^2 erhalten. Bei einer inkohärenten Streuung würden wir nicht viele Details erkennen.

Im UV-Bereich sind beide Faktoren kleiner als für Licht im sichtbaren Spektrum – die Streuung erfolgt in kürzerer Zeit und die Fläche für die Streuung ist kleiner und umfasst weniger Atome, weil die Wellenlänge viel kleiner ist. Das im UV-Bereich erblickte Gesicht würde körniger wirken und weniger Details aufweisen, weil die benachbarten kohärenten Streuflächen kleiner sind und die kürzere Zeitspanne bedeutet, dass sie sich teilweise in fast beliebigen Phasen auswirken.

Im IR-Bereich ist die Streuung überwiegend mit molekularen Übergängen verbunden, die relativ langsame Prozesse sind, sodass der Streuungsprozess eine viel längere

Zeitspanne umfasst. Aber jedes Molekül an sich ist vollständig an der Streuung beteiligt. Obwohl also die Wellenlänge groß ist und viel mehr Streuzentren umfasst, bewegen sich die molekularen Streukörper während des IR-Streuprozesses erheblich, wobei sie überall beliebige Phasen erzeugen und das Bild verschmiert wirkt.
Viele unterschiedliche Organismen sehen im UV-Bereich und/oder im IR-Bereich, um ihre Nahrung zu finden, ebenso wie im Bereich des sichtbaren Lichts. Wir Menschen haben uns jedoch so entwickelt, dass wir weder im UV- noch im IR-Bereich sehen können – unser Sehvermögen beschränkt sich auf den sichtbaren Teil des elektromagnetischen Spektrums. Allerdings wissen wir nicht, warum sich unser Auge-Hirn-System auf diese Weise entwickelt hat.

57. Gravitationswellen

Ja, man erwartet, dass die kohärente Streuung von Gravitationswellen stattfindet, wobei die Streukörper Massenquadrupole sind – das heißt Massenpaare in der Antenne. Der Physiker J. Weber, der 1959 als Erster den klassischen Querschnitt für die Streuung von Gravitationswellen errechnete, behauptete 1981, dass die kohärente Streuung von Gravitationswellen den Streuungsquerschnitt für bestimmte Detektoren um einen Faktor von 10^6 oder mehr verbessern würde. Der größere Querschnitt könnte die großen Reaktionen seiner zwei unabhängig arbeitenden eine Tonne wiegenden zylindrischen Aluminiumstabdetektoren für Gravitationswellen erklären, die jedes Mal dann auftraten, wenn ihr Ende sich jeweils gegenüber dem Kern der Milchstraße befand, also etwa zweimal pro Tag.

Wenn seine Behauptung in Bezug auf eine kohärente Streuungsreaktion zuträfe, wären massive Stabantennen viel empfindlicher für Gravitationswellen als große Interferometer mit ihren kleinen Massen an den Spiegeln wie LIGO und VIRGO.

Die QM-Berechnung stellt sich folgendermaßen dar. Da Wellenlängen im Kilometerbereich viel länger sind als die Aluminiumstabantenne im Labor, befinden sich alle Massenpaar-Quadrupole in der Antenne innerhalb dieser einen Wellenlänge. Somit sind ihre Reaktionen annähernd in Phase, und jedes Massenpaar weist einen äquivalenten alternativen Streuungsweg auf. Nach der QM-Regel 2 ist $\Psi = \psi_1 + \psi_2 + \psi_3 + \ldots$, und $\Psi \sim N\,\psi_1$ mit der Wahrscheinlichkeit $P = N^2|\psi_1|^2$, sodass sich eine kohärente Streuung proportional zu N^2 ergibt, wobei N die Gesamtzahl der Massenpaare im Stab ist, etwa 10^{24}. Doch tatsächlich besteht der Stab aus vielen Mikrokristalliten, sodass man in Wirklichkeit die QM-Amplituden über der Anzahl der Massenpaare in jedem Mikrokristallit und dann die Wahrscheinlichkeiten über allen Mikrokristalliten summiert. Die Wahrscheinlichkeit der kohärenten Streuung ist noch immer über 10 Millionen Mal größer (nach der Berücksichtigung der Kristalldefekte) als die klassische nichtkohärente Streuungsreaktion, die Weber zuerst 1959 errechnete.

Ob sich jede Stabantenne für Gravitationswellen wie ein kohärentes Streuobjekt verhält, ist noch nicht unzweideutig bewiesen. Während bei dem klassischen Ergebnis der Stab mit seiner Resonanzfrequenz und seinen Harmonischen schwingt, wenn er von einem Gravitationswellenpuls getroffen wird, würde der kohärente Streuungsstab im Prinzip eine fast gleiche Reaktion auf eine große Bandbreite von Frequenzen aufweisen. Die konkreten experimentellen Stabreaktionen sind kompliziert, und es bedarf ausgeklügelter Methoden, um im Hintergrundrauschen Streusignale von Gravitationswellen ausfindig zu machen. Wenn die Weberstäbe wirklich Gravitationswellen aus dem Kern der Galaxis angezeigt hätten, stünden wir vor einem Rätsel, wenn der ursprüngliche klassische Reaktionsquerschnitt angewendet wird. Aufgrund der Geschwindigkeit der Umwandlung von Masse in Energie im Kern der Galaxis müsste inzwischen die ganze Galaxis verschlungen worden sein! Vermutlich müssen wir abwarten, bis LIGO und VIRGO Gravitationswellen aufgespürt und kalibriert haben, bevor wir wirklich wissen, ob Gravitationswellen in Weberstabantennen kohärent streuen können.

58. Kohärente Neutrinostreuung

1984 soll J. Weber in einem Antrag für Forschungsgelder den Bau eines Detektors für die kohärente Streuung von Neutrinos vorgeschlagen haben. Der Bewilligungsausschuss forderte ihn auf, die Idee der kohärenten Neutrinostreuung schriftlich darzulegen und den Aufsatz in einer angesehenen Zeitschrift für Physik zu publizieren. Im Dezember 1984 reichte er den Aufsatz »Methode zur Beobachtung von Neutrinos und Antineutrinos« bei der *Physical Review C* ein, und der Aufsatz wurde acht Tage nach dem Eingang am 12. Dezember von einem Sachverständigen angenommen!

Dieser Aufsatz stieß in Teilen der Physikergemeinschaft auf enorme Resonanz. Innerhalb weniger Monate nach Erscheinen wurden zahlreiche Einwände gegen Webers

Argumente in der Fachpresse erhoben, aber all diese Einwände lassen sich entkräften. Jeder der Aufsätze ging von der irrigen Annahme aus, dass die Kernstreukörper als Potenziale fungieren. Falsch! Weber zeigt im ersten Abschnitt seines Aufsatzes auf, dass eine solche Annahme eben nicht zu einer kohärenten Streuung für Neutrinowellenlängen führen kann, die kürzer als die Abstände zwischen den Kernen ist. Doch jeder scheint die Details zu ignorieren, die Weber dargelegt hat, der korrekterweise erklärt, warum die nichtrelativistische Berechnung keine kohärente Neutrinostreuung für Neutrinowellen voraussagt, die kürzer als die Atomabstände sind. Das QM-Argument hängt im Wesentlichen von der Tatsache ab, dass die Streuungsphasen zwischen den Kernen beliebig sind, was zu einer Streuungswahrscheinlichkeit führt, die proportional zu N statt zu N^2 ist.

In späteren Abschnitten seines Aufsatzes stellt Weber dann doch die relativistischen QM-Streuungsberechnungen an, um zu zeigen, dass eine kohärente Streuung für alle Energien auftritt – das heißt, Neutrinos aller Energien werden eine kohärente Streuung erfahren. In diesen Berechnungen sind Terme enthalten, die die Steifigkeit des defektfreien Kristalls und so weiter einbeziehen. Dahinter steht die Idee, dass man selbst im Prinzip nicht feststellen kann, wo die Kernstreuung des Neutrinos stattfand, wenn der Kristall als Ganzer einen Rückstoß erfährt, wie bei der Streuung beim Mößbauer-Effekt. Somit sind die Reaktionen in Phase und weisen äquivalente alternative Streuwege auf. Man muss die Amplituden über allen möglichen Wegen – das heißt aller Kerne – summieren, um die Gesamtamplitude für die Neutrinostreuung zu erhalten.

Nach der QM-Regel 2 ist $\Psi = \psi_1 + \psi_2 + \psi_3 + \ldots$, und $\Psi = N\,\psi_1$ mit der Wahrscheinlichkeit $P = N^2|\psi_1|^2$, sodass wir eine kohärente Streuung proportional zu N^2 erhalten, wobei N die Gesamtzahl der Kerne im Stab ist, etwa 10^{23}. Somit erhalten wir den gewaltigen Faktor 10^{23} für die Neutrinostreuung über den nichtkohärenten Querschnitt! Strittig ist nur noch, ob alle Phasenbeziehungen in dieser relativistischen Berechnung richtig berücksichtigt sind. Weber, der inzwischen verstorben ist, führte tatsächlich mehrere Experimente durch, um seine relativistischen Berechnungen für einen langen defektfreien Einzelkristalldetektor zu überprüfen. Er behauptet, das An- und Abschalten eines Kernreaktors in Blindtests, den Austritt von Tritium aus einer hochradioaktiven Tritiumquelle und den zweimal täglich erfolgenden Durchgang der Sonne durch die lange Achse seines Kristalldetektors verifiziert zu haben. 1995 ermittelte er, dass der insgesamt gemessene Solarfluss von Neutrinos – aller drei Arten, weil der Detektor nicht zwischen ihnen unterschied – gleich dem gesamten Neutrinofluss war, der nach dem Standardsonnenmodell zu erwarten war. Dieses vorhergesagte Ergebnis stimmt mit den 2002 durch den Schwerwasserdetektor am Sudbury Neutrino Observatory (SNO) erzielten Ergebnissen überein.

59. Magnetresonanzbildgebung (MRI)

Experimente mit der Kernmagnetresonanz, wie sie in den Vierzigerjahren des vorigen Jahrhunderts begonnen wurden, erweisen sich auch heute noch als sehr nützlich. Ihr alternatives QM-Verhalten wird als eine Ansammlung von Spins beschrieben, die zusammenwirken. Zunächst hat die

Spin-Ansammlung einen Gesamtspin S in einem kollektiven Quantenzustand $\Psi = \psi_1 + \psi_2 + \psi_3 + \ldots$, und dann dreht das gepulste Magnetfeld sie alle leicht nach $S - \alpha$ in Bezug auf die ursprüngliche Richtung – das heißt, sie agieren kollektiv und kohärent. Kein einzelnes Spinverhalten ist von den anderen in derselben mikroskopisch kleinen Atomumgebung isoliert. Alle Wasserstoffkerne in derselben Umgebung reagieren gleich, während die in einer anderen Umgebung etwas anders reagieren.
Das MRI-Instrument für die Kernmagnetresonanzbildgebung nutzt die Unterschiede in der mikroskopisch kleinen Atomumgebung, sodass verschiedene Bereiche des lebendigen Gewebes getrennt »gesehen« werden können. Ein Computeralgorithmus analysiert die Daten aus zahlreichen Hochfrequenzdetektoren, die den Körper umgeben, und erstellt ein künstliches Bild auf einem Bildschirm. Ein dynamisches MRI-Instrument hat eine schnelle Reaktionszeit und zeigt binnen Sekunden oder noch schneller Veränderungen in der mikroskopisch kleinen Umgebung an, etwa Muskelbewegungen oder Herzkontraktionen.

60. Die Heisenberg'sche Unschärferelation

Das Unbestimmtheitsprinzip setzt der Genauigkeit der Messung der Teilchenposition keine Grenze. Das Unbestimmtheitsprinzip $\Delta p_x \Delta x \geq h/4\pi$ verbietet zwar die *gleichzeitige* Messung der Position wie des Impulses in der gleichen Richtung mit jeder gewünschten Genauigkeit, nicht aber eine einzelne Messung. Natürlich schränken praktische Konstruktionsgrenzen wahrscheinlich die Messung ein, aber rein theoretisch gibt es keine Grenze. Das gleiche Argument lässt sich separat auf den Impuls anwenden.

Eine Anwendung des Heisenberg'schen Unbestimmtheitsprinzips auf das Wasserstoffatom ist ein lehrreiches Beispiel. Das Wasserstoffatom wird normalerweise in sphärische Polarkoordinaten statt in kartesische Koordinaten zerlegt. In sphärischen Polarkoordinaten sind die Unbestimmtheitsrelationen etwas komplizierter, und die Folgen können ein wenig bizarr sein. Da man zum Beispiel die Wasserstoffwellenfunktion für das Elektron um die z-Achse – das heißt, in der ϕ-Richtung – für den 1-s-Atomzustand genau kennt und der Drehimpuls daher keine Unbestimmtheit hat, ist die Unbestimmtheit in ϕ maximal. Daher findet man in der ϕ-Richtung eine gleich große Wahrscheinlichkeit in allen Winkeln, und dies erzeugt die unscharfe Wahrscheinlichkeitsverteilung in ϕ.

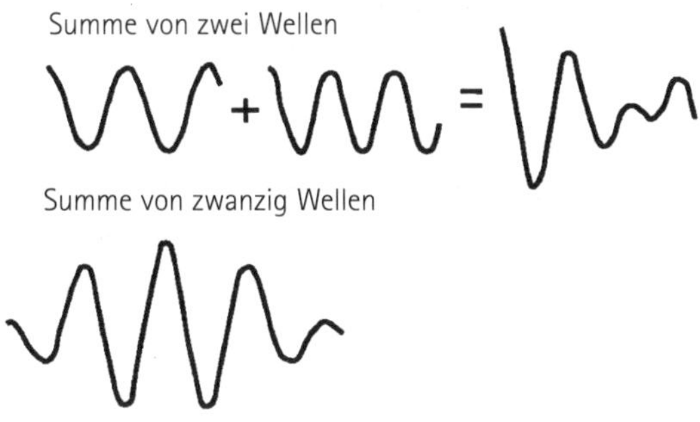

Es gibt noch viele andere Anwendungen der Unbestimmtheitsrelation, weil sie in der Quantenmechanik von zentraler Bedeutung ist. Allerdings ist für jede Beschreibung eines Phänomens, das mit Wellen jeder Art zu tun hat, eine Unbestimmtheitsrelation erforderlich. Techniker wissen beispielsweise, dass sie eine 1-MHz-Bandbreite benötigen, um einen Puls von einer Mikrosekunde zu reproduzieren: $\Delta f \Delta t \sim 1$. Angenommen, eine Einzelfrequenzwelle ist

definiert durch $y = y_1 \sin k_1 x$. Diese Welle erstreckt sich von $-\infty$ bis $+\infty$, und auf die Frage »Wo befindet sich die Welle?« gibt es keine Antwort. Wenn man viele Einzelfrequenzwellen von unterschiedlichen Frequenzen mit den richtig gewählten Amplituden und Phasen addiert, kann man einen Klumpen in einem engen Raumbereich mit der ungefähren Länge Δx aufbauen. Der Bereich der benötigten Wellenlängen $\Delta\lambda$ kann durch den entsprechenden Bereich der Wellenzahlen Δk dargestellt werden. Die annäherungsweise mathematische Beziehung $\Delta x \, \Delta k \sim 1$ lässt sich ermitteln, indem man mehrere Beispiele betrachtet.
Bohrs berühmtes Argument der Messstörung ist falsch. Ein halbes Jahrhundert lang haben Physiker dieses Argument nachgebetet, nämlich dass das Unbestimmtheitsprinzip die Quantentheorie verteidige. In Experimenten, die erstmals Bohrs Argument widerlegten, wird ein Strahl von kalten Rubidiumatomen geteilt, um sich auf zwei verschiedenen Wegen fortzupflanzen, die wir hier A und B nennen. Die Strahlen überlappen und kombinieren sich dennoch am Ende ihrer Wege und erzeugen ein Interferenzmuster. Nun wollten die Forscher feststellen, welchem Weg die Atome folgten, indem sie die Atome auf Weg B durch einen Mi-

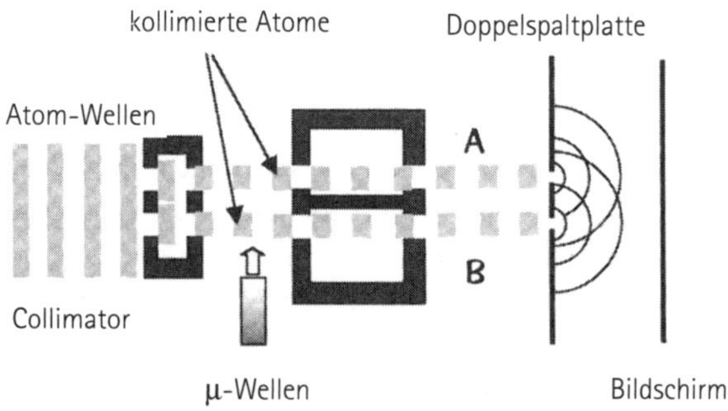

krowellenpuls in einen höheren Energiezustand versetzten. Diese Atome hielten in ihren inneren Zuständen fest, welchen Weg sie genommen hatten. Der von einem Atom absorbierte Mikrowellenpuls ist insignifikant um einen Faktor von etwa 10000, er kann den Impuls des Atoms kaum verändern und genügt nicht, das Interferenzmuster zu verwischen. Ja, die QM funktionierte noch immer. Wurden die Mikrowellen abgeschaltet, tauchten Interferenzränder auf. Stellte man sie an, um festzustellen, welcher Weg genommen wurde, verschwand das Interferenzmuster. Das Unbestimmtheitsprinzip ist zwar noch immer richtig, aber das Argument »Messen stört das System« dafür zu bemühen, um das Doppelspaltexperiment zu erklären, ist falsch.

Welcher tiefere Mechanismus könnte also beispielsweise im Doppelspaltexperiment am Werk sein? Vielleicht eine Quantenverwicklung, bei der jedes Teilchen mit jedem anderen Teilchen, mit dem es wechselwirkt, verknüpft ist. Zwei-Teilchen-Wellenfunktionen sind verknüpft miteinander in einem sechsdimensionalen Konfigurationsraum ohne eine Eins-zu-eins-Entsprechung mit dem physikalischen 3-D-Raum, sodass die Verwicklung von *N* Teilchen von einer Wellenfunktion im 3*N*-dimensionalen Konfigurationsraum ohne eine Eins-zu-eins-Entsprechung mit dem physikalischen 3-D-Raum beschrieben wird. Und nun wird die Mathematik so richtig kompliziert.

61. Vakuumenergie?

Im Vakuum existiert immer die Nullpunktenergie. Welches Quantenmodell des Vakuums man auch immer betrachtet – alle lassen sich in einer ersten Annäherung auf eine große Anzahl harmonischer Schwingungen reduzieren, die einen Nullpunktenergiewert haben, der nicht null ist. Gegenwärtig sind QM-Berechnungen der Energiedichte des Vakuums anscheinend um mindestens 30 Größenordnungen zu groß! Die Vakuumenergiedichte müsste etwa 10^{-11} J m^{-3} betragen, falls diese Vakuumenergie die Quelle der beschleunigten Ausdehnung des Universums ist, wie sie 1998 anhand von Supernovamessungen vom Typ Ia ermittelt wurde.

Mit Hilfe des Heisenberg'schen Unbestimmtheitsprinzips kann man die Energie schätzen. Oder wenn das Vakuum ein effektives Potenzial für ein skalares Feld hat, gibt das Produkt der Dichte der sichtbaren Materie und des Potenzials die Energiedichte für einen angenommenen Radius des Universums an. In beiden Fällen würden die Annahmen, die zur Schätzung dieser Energiedichte erforderlich wären, hier zu weit führen.

Wir können jedoch feststellen, ob ein elektrisch neutrales Teilchen der Masse Δm, das während der Zeitspanne Δt existiert, von seinem Gravitationsfeld ermittelt werden kann. Wir verwenden die »Unschärferelation« $\Delta E \Delta t \geq \mathrm{h}/4\pi$ in der Form $\mathrm{c}^2\ \Delta m \Delta t > \mathrm{h}/4\pi$. Nehmen wir an, wir haben den empfindlichsten Detektor, und ein freies Teilchen der Masse M befindet sich anfangs in einer Entfernung R von Δm, dann wird der Detektor in der Newton'schen Annäherung einen Puls $P = F\Delta t$ empfangen. Setzen wir $F = GM\varpi m/R^2$ in die »Unschärferelation« ein, dann ergibt sich $GM\Delta m\Delta t/R^2 \geq GM\mathrm{h}/(4\pi R^2\mathrm{c}^2)$. Der Ausgangszustand des Detektors richtet sich auch nach der »Unschärferelation« $\Delta P\Delta X \geq \mathrm{h}/4\pi$, und damit sich Δm feststellen lässt, ist es erforderlich, dass der Impuls P größer als etwa $2\Delta P$ oder $\Delta X \geq 4R(R/r_{\mathrm{g}})$, wobei der Schwarzschildradius des Detektors $r_g = GM/c^2$ ist. Für Objekte, deren Größe von Protonen bis zu Planeten reicht, liegt r_g innerhalb des Objekts selbst. Somit lässt sich das vom Impuls $P = F\Delta t$ übertragene Moment nicht feststellen!

62. Der Casimir-Effekt

Das klassische Vakuum ist zwar eine Leere, doch das quantenmechanische Vakuum ist eine Suppe aus virtuellen Teilchen-Antiteilchen-Paaren, die mit den realen Atomen in den Metallplatten wechselwirken, und diese Paare werden nach dem Heisenberg'schen Unbestimmtheitsprinzip in extrem kurzen Zeitspannen erzeugt und wieder vernichtet. Das heißt, je größer die Gesamtenergie ΔE im Paar ist, desto kürzer ist die Zeitdauer Δt seiner Existenz, sodass $\Delta E \Delta t \geq h/4\pi$. Diese Vakuumpaarsuppe drückt in beiden Platten nach innen, wenn die Platten einander sehr nahe sind, weil bestimmte Teilchen-Antiteilchen-Paare nicht vorübergehend zwischen ihnen erscheinen dürfen. Im Prinzip ist die Wahrscheinlichkeit viel geringer, dass diese Paare zwischen den Platten sind, wenn ihre De-Broglie-Wellenlänge größer als der Abstand zwischen den Platten ist. Aber die gleichen Paare erscheinen außerhalb der Platten und liefern die zusätzlichen Kräfte, aus denen die nach innen gerichtete Nettokraft resultiert. Dieser so genannte Casimir-Effekt wurde 1958 erstmals experimentell bestätigt.

Die Casimir-Kraft ist so klein, dass man sie nur bei Platten beobachten kann, die wenige Mikrometer voneinander entfernt sind. Zwei Spiegel mit einer Fläche von 1 cm^2, die sich in einem Abstand von etwa 1 μm voneinander befinden, weisen eine Anziehungskraft von etwa 10^{-7} N auf.

Diese Kraft scheint zwar sehr klein zu sein, aber bei Abständen von weniger als einem Mikrometer wird die Casimir-Kraft die stärkste Kraft zwischen zwei neutralen Objekten! Bei Abständen von 10 Nanometer – ungefähr 100mal so groß wie ein Atom – erzeugt der Casimir-Effekt eine Kraft, die einem Druck von 1 Atmosphäre entspricht. Inzwischen interessiert man sich wieder für die Casimir-Kraft, weil ihre Auswirkungen bei mikromechanischen Geräten im Nanometerbereich berücksichtigt werden müssen.

63. Kann man Licht quetschen?

Nach der klassischen Physik ist ein Lichtstrahl eine elektromagnetische Welle, die eine Amplitude und eine Phase hat – die elektrischen Feldkomponenten E_x und E_y. Nach der Quantenmechanik sind die normalen Modi des elektromagnetischen Feldes gequantelt und werden als ein Ensemble von harmonischen Oszillatoren behandelt, und jedem normalen Modus entspricht ein harmonischer Oszillator. Die Anzahl der Photonen in jedem harmonischen Oszillator ist die Energie im entsprechenden Oszillator. Ein harmonischer Oszillator gehorcht dem Heisenberg'schen Unbestimmtheitsprinzip, und darum geht man davon aus, dass sich das elektromagnetische Feld genauso verhält. Wenn das elektrische Feld in einem Lichtstrahl reduziert wird, sogar in einem Strahl aus einer Laserquelle, macht sich die feste Menge des immanenten Quantenrauschens in der Lichtintensität stärker bemerkbar. Dieses Quantenrauschen in einem elektrischen Feld ist stets gegenwärtig. Wenn man irgendein Licht auf einen Fotodetektor, etwa eine Fotodiode, richtet, treten Schwankungen im Diodenstrom auf, und zwar entsprechend den einzelnen Photonen, die wahrgenommen werden. Man erkennt, dass sich die Photonen weder in der Zeit noch im Raum gleichmäßig ausbreiten. Die Heisenberg'sche Unschärferelation diktiert dieses Verhalten. Die QM-Operatoren der Phasen- und Amplitudenquadratur (d. h. für die senkrechten Komponenten) des elektromagnetischen Felds kommutieren nicht, ähnlich wie die Position und das Moment eines Teilchens. Das Produkt aus der Phasen- und der Amplitudenunbestimmtheit hat eine feste untere Grenze. Je genauer die Phase einer Lichtwelle gemessen wird, desto weniger bestimmt wird ihre Amplitude und umgekehrt. Zustände des Lichts mit der kleinstmöglichen Menge des gesamten Quantenrauschens sind minimale Unbestimmtheitszustände.

Die Reduktion des Quantenrauschens in einer beobachtbaren Größe des Lichts (z. B. der Phase) führt zu seiner Verstärkung in der komplementären beobachtbaren Größe (d. h. der Amplitude) und lässt sich durch parametrische Verstärkungsverfahren bewirken. Die sich ergebenden Zustände des Lichts nennt man gequetschte Zustände, da das Quantenrauschen in einem bestimmten Phasenwinkel gequetscht wurde. Ihre Wellenpakete schwingen in der Zeit und werden breiter und schmäler – das heißt, sie atmen.

Zum andern lässt sich die Unbestimmtheit in der Amplitude eines Laserstrahls auf ein Niveau reduzieren, das das Heisenberg'sche Unbestimmtheitsprinzip normalerweise zulässt, auf das so genannte Nullpunktniveau des Quantenrauschens. Doch diese erhöhte Genauigkeit führt zu größerer Unbestimmtheit in der Frequenz des Lichts. Im Prinzip verwendet man eine Unbestimmtheitsrelation der

Form $\Delta E_x \Delta E_y \geq V$, wobei V eine Konstante ist. Eine Reduktion der Unbestimmtheit in E_x zu gE_x bedeutet, dass die Unbestimmtheit in E_y zu E_y/g wird, damit ihr Produkt gleich bleibt.

Experimente mit gequetschtem Licht werden zu einem besseren Verständnis der Quantenmechanik auf der Ebene des einzelnen Atoms und Photons führen. Vor einigen Jahren gelang es mit einem neuartigen ultrapräzisen Laserpointer, bei dem ein Strahl in zwei Richtungen »gequetscht« wurde, den Strahl mit einer Genauigkeit von 1,6 Å auszurichten – das ist etwa 1,5mal genauer als der theoretische Grenzwert für einen konventionellen Laser.

64. Elektronenspin

Ja. Der Einfluss des Vakuums auf den Elektronenspin ist zwar extrem gering, doch die gleiche Auswirkung des Vakuums auf den Myonspin wurde im Brookhaven National Laboratory gemessen. Die Wechselwirkungsgröße wird vom Standardmodell der Leptonen und Quarks und ihrer Wechselwirkungen vorhergesagt. Alle fundamentalen Teilchen-Antiteilchen-Paare tauchen vorübergehend im Vakuum auf und verschwinden sporadisch, sodass das Elektron (und das Myon) sie alle sieht, wenn auch nur für einen flüchtigen Augenblick. Diese »Vakuumsuppe« ist geringfügig magnetisch und erhöht daher das magnetische Moment des Elektrons oder Myons auf $g = 2\ (1 + a)$. Die kleine Korrektur um etwa 0,12 Prozent nennt man das anormale Moment, aber häufig bezeichnet man es als »g-2«. Seine Messung mit einer allmählich zunehmenden Genauigkeit führt zu einer spektakulären Übereinstimmung mit dem errechneten Wert – besser als 24 Teile auf eine Milliarde.

Das Myon ist 206mal schwerer als das Elektron, sodass das magnetische Moment des Myons 206mal kleiner ist, aber die virtuellen Teilchen in der Quantensuppe können massiver sein. Infolgedessen reagiert das anormale Moment 40000mal empfindlicher auf unentdeckte Teilchen und neue physikalische Phänomene auf kurzen Distanzen. Die Übereinstimmung von 4 Teilen auf eine Million muss als bester Test der Theorie gelten, aber es gibt auch eine kleine Diskrepanz, die erklärt werden muss, eine Differenz in den mittleren Werten der Experimente und der Theorie um 2,6 Standardabweichungen.

Das Myon-Ergebnis *g*-2 lässt sich derzeit nicht mit dem etablierten Standardmodell erklären. Der vorhergesagte theoretische Wert wird laufend neu berechnet, und Korrekturen werden vorgenommen. Darüber hinaus bezieht die *g*-2-Berechnung drei der vier fundamentalen Wechselwirkungen ein – die schwache, elektromagnetische und die Farb-Wechselwirkung –, sodass viele Feynman-Diagramme beigesteuert werden.

Vielleicht ist diese ungelöste *g*-2-Differenz der Vorbote einer neuen Physik jenseits des Standardmodells, etwa von neuen Quarks, supersymmetrischen Teilchen oder einer Überraschung im Vakuum.

65. Supraleitfähigkeit

Die gepaarten Elektronen in Superleitern, die sich im Zustand der Supraleitfähigkeit befinden, weisen eine Bose-Einstein-Kondensation zu einem einzigen Makrozustand auf. Dieser Makrozustand besitzt eine gewisse kleine Energiebreite, weil die Paare aus Spin-1/2-Teilchen bestehen, und sie weisen Reste eines Fermi-Dirac-Verhaltens auf: Keine zwei identischen Fermionen können sich jemals im gleichen Zustand befinden, wie er von ihren Vier-Momenten und Spins definiert wird, ganz gleich, wie sie sich kollektiv verhalten.

66. Suprafluidität

Die ungerade Zahl der Bestandteile in He-3 (zwei Protonen, ein Neutron und zwei Elektronen) klassifiziert es als ein Fermion, das der Fermi-Dirac-Verteilung gehorcht. Somit können keine zwei He-3-Atome den gleichen Quantenzustand gemeinsam haben, der durch die Vier-Momente (Energie und Drei-Momente) und den Spin definiert ist. Überraschenderweise entdeckte man Anfang der Siebzigerjahre des vorigen Jahrhunderts, dass He-3 mit einem anderen He-3-Atom magnetisch koppeln kann, um ein Boson zu bilden und bei der extrem niedrigen Temperatur von 2,7 Millikelvin eine Supraflüssigkeit zu werden. Die He-3-Paare bilden einen Ein-Moment-Makrozustand. Weil die einzelnen He-3-Atome keine Bosonen sind, müsste das Makrozustandsmoment eine zusätzliche geringe Breite aufweisen, da sich die He-Atome aus Fermionen zusammensetzen.

Die Atompaare sind magnetisch, sodass die He-3-Supraflüssigkeit komplexer als ihr He-4-Gegenstück ist. Tatsächlich existiert supraflüssiges He-3 in drei verschiedenen Phasen, die mit verschiedenen magnetischen oder Temperaturzuständen zusammenhängen. In der A-Phase beispielsweise ist die Supraflüssigkeit hoch anisotrop – das heißt, sie hat verschiedene Richtungen wie ein flüssiger Kristall.

67. Lückensprünge

Dieser Josephson-Effekt ist eigentlich ein quantenmechanisches Tunneln über die physikalische Lücke hinweg, weil sich die Wellenfunktion für das Supraleiterpaar über das Ende des Materials hinaus in die Lücke hinein und bis zur anderen Seite hin erstreckt. Hat das supraleitfähige Material die konkrete Form eines Rings, dann muss eine Übereinstimmung der Wellenfunktion für das Paar um den Ring herum herbeigeführt werden, was die Quantelung ihres Drehimpulses auf Vielfache von $h/2\pi$ beschränkt.

68. Kernzerfall

Die Wellenfunktion erstreckt sich durch die Potenzialbarriere bis zur Außenwelt. Somit beträgt die Wahrscheinlichkeit, dass sie außerhalb des Kerns ist, nicht null. Warum also erstreckt sich die Wellenfunktion selbst bis in die Barriere? Für alle Einschlussprobleme gibt es in der klassischen Physik wie in der Quantenphysik Lösungen mit Funktionen, die sich in die Barriere erstrecken und innerhalb von ein paar Wellenlängen gewöhnlich exponential bis fast auf null abnehmen. Atomteilchen haben relativ lange Wellenlängen im Vergleich zur Barrierenstärke. Warum also endet die Wellenfunktion selbst nicht in der Barriere? Weil die effektive Barrierehöhe mit der radialen Distanz abnimmt.

Die Wahrscheinlichkeit des Tunnelns durch die Barriere ist proportional zu $\mathrm{Exp}[-\mathrm{A}r\sqrt{(U(r) - E)}]$, wobei E die Energie des einfallenden Teilchens, $U(r)$ das Barrierepotenzial als Funktion der Distanz r und A eine Konstante ist, die die Planck'sche Konstante h einschließt. Eng damit zusammen hängen einige Phänomene, die als Tunneln durch eine Barriere zu behandeln sind:

1. Ein blanker Kupferdraht wird zerschnitten, und die beiden Enden werden miteinander verdreht. Obwohl das Kupfer mit Kupferoxid bedeckt ist, sind die verdrehten Enden ohne weiteres elektrisch leitfähig.
2. Die Tunneldiode.
3. Das Rastertunnelmikroskop.

69. Innere Totalreflexion

Ja, das Licht geht ein wenig über die Schnittstelle hinaus. Man kann dieses Verhalten entweder klassisch oder quantenmechanisch behandeln. In der QM erstreckt sich die Wellenfunktion für das Photon über die Glas-Luft-Schnittstelle hinaus bis in die Luft.
Dieses Verhalten können Sie auf die folgende Weise beobachten. Füllen Sie ein Trinkglas teilweise mit Wasser. Neigen Sie das Glas, schauen Sie hinein und betrachten Sie die Seitenwand in einem entsprechenden Winkel, dass das Licht, das in Ihr Auge eindringt, an der Wand eine innere Totalreflexion erfährt. Unter dieser Bedingung sieht die Wand silbrig aus. Drücken Sie dann den befeuchteten Daumen an die Außenseite des Glases. Sie werden die Leisten des Daumenabdrucks erkennen, weil Sie an diesen Punkten den Prozess der Totalreflexion stören. Die Rillen zwischen den Leisten sind noch weit genug vom Glas entfernt, sodass die Reflexion hier total bleibt und Sie einfach bloß eine silbrige Windung erkennen.

70. Paarvernichtung

Fermis goldene Regel weist darauf hin, dass wir den Phasenraum betrachten sollten, der den Endteilchen zur Verfügung steht, und dieser Phasenraum hängt mit der Entropie der Endteilchen zusammen. Wenn die Entropie des Endzustands größer als die Entropie des Ausgangszustands ist, findet der Prozess statt. Im einfacheren Fall, wenn ein Elektron in Ruhe und sein Antiteilchen, das Positron in Ruhe, einander vernichten, werden zwei Photonen erzeugt, damit die Quantenzahlen ebenso wie die Energie und der Impuls erhalten bleiben. Die Entropie der Produkte ist größer als die der Reaktionsteilnehmer. Warum? Weil es viel Freiheit in Richtung der Photonenpolarisierungen gibt? Das Teilchen und das Antiteilchen haben zu Beginn der Wechselwirkung entgegengesetzte Spins, aber entlang einer spezifischen Richtung, und damit haben sie einen Gesamtspin von null. Im Endzustand, wenn zwei identische Photonen in entgegengesetzten Richtungen hervorgehen, um die Energie und den linearen Impuls zu erhalten, sind die Photonenspins zwar entgegengesetzt – das heißt, beide haben einen Spin +1 oder einen Spin −1 in Bezug auf ihre Impulsrichtungen –, aber die Polarisationsvektoren können in jeder Richtung in der Ebene senkrecht zu den Impulsrichtungen sein.

71. Ein springender Ball

Sehen wir uns eine vereinfachte Version des komplexen Verhaltens dieses springenden Balls an. Die Kompression des Balles (und des Betons, auf den er aufprallt) sendet Phononen (Quantenschallwellen) aus, die dem Material sagen, dass eine Kompression stattfindet und dass die erhöhte Energiedichte in Teilen des Balles reduziert werden kann, indem er sich wieder zu seiner normalen Größe ausdehnt. Natürlich schießt die Ausdehnung übers Ziel hinaus, und der Ball »hallt«, wenn er den Beton verlässt, wobei auch jeder Ausdehnungszustand die Energiedichte in Teilen des Balls erhöht. Man kann ein Modell dieses Verhaltens darstellen, indem man annimmt, dass die Atome und Moleküle sich in einer Potenzialmulde befinden, die der Parabelmulde des harmonischen Oszillators ähnelt. Doch statt dass eine potenzielle Energie für ein Atom gegenüber dem Atomabstand nur proportional zu r^2 ist, muss es zusätzliche Terme geben, die proportional zu r^3 usw. sind, wobei r der Abstand vom Ort des Gleichgewichts ist.

Schließlich helfen die Phononen dem Ball, zu seiner normalen Form zurückzukehren, aber die Atome und Moleküle erreichen nie wieder gänzlich ihre relativen Ausgangspositionen – es bleibt also eine gewisse Restverformung. Selbst der Beton, auf den der Ball aufgeprallt ist, erholt sich nie ganz davon. Sehen Sie sich einmal an, wie eine Betonautobahn schließlich dadurch abgenutzt wird, dass Pkws und Lkws die Straße komprimieren – hier ist zwar mehr Energie im Spiel, aber im Prinzip ist das der gleiche Prozess.

72. Das EPR-Paradoxon

Anscheinend lässt sich der Datensatz nicht durch ein klassisches Denken reproduzieren. Ein vorher festgelegtes Befehlsset würde einem Algorithmus zur Erzeugung von Zufallszahlen ähneln – aber derartige Zahlensets sind niemals wirklich zufällig. Man muss also die Schlussfol-

gerung akzeptieren, dass die Natur quantenmechanisch ist, und daher ist die klassische Physik nur eine Annäherung. Die Regeln der QM stimmen mit den Ergebnissen überein, aber die Details sind mathematisch zu kompliziert, als dass wir sie hier wiedergeben könnten.
Noch überraschender ist der Hinweis, dass hier gegen die Lokalität verstoßen wird. Das heißt, Informationen vom ersten Detektor gelangen zum zweiten Detektor, ohne dass sie imaginäre sphärische Oberflächen passieren, die beide umgeben, als ob in unserer Welt mehr Dimensionen existieren! Irgendjemand wird eines Tages einen fundamentalen Grund für dieses Verhalten der Natur ermitteln.

73. Informationen und ein Schwarzes Loch

Gewiss sollten wir wegen des Verlusts der Quanteninformationen besorgt sein, besonders wenn die Quantenmechanik eine vollständige Erklärung für alles auf der Welt liefern soll. Nehmen die Informationen des Schwarzen Loches mit dem Verschlingen des Stuhls zu? Sehen wir es uns genauer an. Ein Schwarzes Loch hat Masse, Spin und möglicherweise eine elektrische Ladung, eine schwache Ladung oder eine Farbladung. Das ist alles! Aus diesen Größen allein können wir den Informationsgehalt des Schwarzen Loches nicht ermitteln. Das ist ein Problem. Die wahrscheinlichste Lösung, die einen Verlust der Quanteninformationen verhindern würde, besteht darin, dass sich der umgebende Raum gerade außerhalb des Ereignishorizonts um die Informationsgleichung kümmert, damit alles korrekt abläuft, indem er Teilchen emittiert, die für den richtigen Ausgleich sorgen.

Die tatsächliche physikalische Berechnung des Informationsaustauschs im Gravitationsfeld eines Schwarzen Loches ist viel komplexer und schwieriger. Unter anderem muss die Tatsache berücksichtigt werden, dass das Schwarze Loch den Systemzustand einer nicht-unitären Transformation unterworfen hat, als es den Stuhl verschlang. Doch nicht-unitäre Transformationen sind in der Quantenmechanik ausgeschlossen, weil sonst die Wahrscheinlichkeit nicht mehr erhalten bleibt – das heißt, nach einer nicht-unitären Transformation kann die Summe der Wahrscheinlichkeiten aller möglichen Ergebnisse eines Experiments größer oder kleiner 1 sein. Dann wäre die Quantenmechanik nicht mehr gültig. Vielleicht ist die QM auf Schwarze Löcher nicht anwendbar und erst eine zukünftige Theorie der Quantengravitation wird uns vor dieser Katastrophe bewahren!

Quarks und Leptonen – was sonst?

74. Die C-14-Datierung

Das Verhältnis von C-14 zu C-12 in lebenden Organismen hängt von vielen Faktoren ab, unter anderem vom lokalen Klima und von den Mengen von C-14 in der Atmosphäre, und diese Faktoren können im Laufe von Jahrzehnten schwanken. Das Radiokarbondatierungsverfahren geht in seiner Annäherung der nullten Ordnung davon aus, dass es bei diesen Faktoren im Laufe von Jahrhunderten und Jahrtausenden keine Schwankung gibt. Aber die Intensität der kosmischen Strahlung, die die Atmosphäre erreicht, kann erheblich schwanken, und daher wird auch die

Menge des erzeugten C-14 schwanken. Wenn man die Schwankungen bei der kosmischen Strahlung durch andere unabhängige Methoden ermittelt, lassen sie sich in die C-14-Datierung als Korrektiv integrieren.
Nach der Forschungsliteratur weisen drei Ringzählungen darauf hin, dass die C-14-Datierung Schwankungen in der C-14-Konzentration in der Atmosphäre zwischen 1400 und 1700 v. Chr. berücksichtigen muss. Ferner offenbart ein Vergleich der mit der Radiokarbonmethode ermittelten Daten von archäologischen Materialien mit den durch andere Methoden festgestellten Daten dieser Materialien, dass die Radiokarbondatierung für den Zeitraum von 100 v. Chr. bis 1400 n. Chr. Werte angibt, die zu groß sind, während diese Werte vor 100 v. Chr. zu klein sind.
Um 1600 v. Chr. sind die C-14-Datenwerte etwa um 175 Jahre (5 Prozent) zu klein, und bis 3000 v. Chr. nehmen sie um etwa 300 Jahre (6 Prozent) zu. Die Diskrepanz ist anscheinend ein Ergebnis geringfügiger Schwankungen im Erdmagnetfeld im Laufe der Jahre, die die Intensität der kosmischen Strahlung und damit die C-14-Produktion in der Atmosphäre verändern würden. Wenn man diese Korrekturen berücksichtigt, ist die Radiokarbondatierung selbst in Bezug auf 100 000 Jahre alte Funde mit einer Schwankungsbreite von nur 5 Prozent genau.

75. Kernenergieniveaus

Selbst das Schalenmodell, oft als das unabhängige Teilchenmodell des Kerns bezeichnet, gibt viele Energieniveauabstände nicht korrekt an, wenn man die Spin-Bahn-Wechselwirkungen nicht berücksichtigt. Das heißt, die magnetischen Momente von Proton und Neutron wechselwirken mit Magnetfeldern, die durch ihre Bahnbewegungen erzeugt werden. Diese LS-Wechselwirkungen ergänzen das annähernd konstante Potenzial des Schalenmodells und beherrschen damit die Quantenzustandssequenz im Kern. Infolgedessen verändern viele Energieniveaus ihre relativen Positionen auf der Energieskala, wobei Niveaus von verschiedenen Hauptquantenzahlen ausgetauscht werden! Sobald die LS-Wechselwirkung korrekterweise berücksichtigt wurde, stimmten alle Vorhersagen mit den empirischen Daten überein.

Dieses Kernmodell erklärte auch, warum Kerne, die eine gleiche Anzahl von Protonen und Neutronen enthalten, stabiler als andere sind. Wie die Energieniveaus der Elektronen in Quantenzuständen außerhalb des Kerns lässt auch das Fermi-Ausschlussprinzip nur zwei identische Teilchen pro Quantenzustand zu. Die Kernquantenzustände der Protonen sind von den Kernquantenzuständen der Neutronen getrennt, und jedes mögliche Niveau wird aufgefüllt, wenn zwei bis auf den entgegengesetzten Spin identische Teilchen vorhanden sind. Die Protonenniveaus sind energiereicher als die entsprechenden Neutronenniveaus, weil die Coulomb-Abstoßung hinzukommt. Jedes zusätzliche Proton oder Neutron kann hinzugefügt werden, aber dieses zusätzliche Teilchen muss einen höheren Energiezustand einnehmen, was normalerweise zu einem instabilen Kern führt.

76. Kernsynthese

Wenn Sie die Bindungsenergiekurve für die Elemente betrachten, werden Sie feststellen, dass zumindest ein Ni-Isotop gut gebunden ist. Leider hat dieses Isotop eine

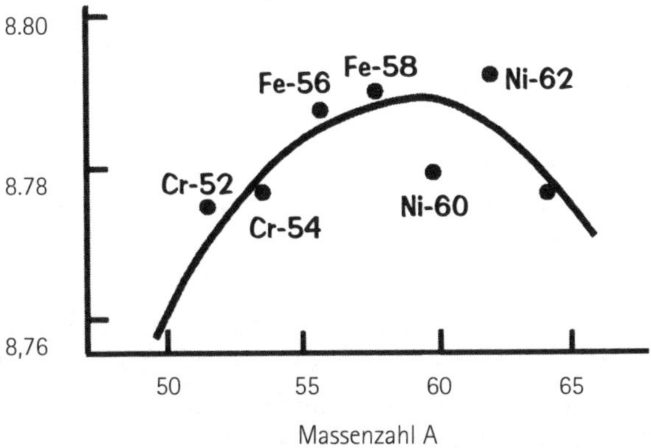

rasante Zerfallszeit. Ja, alle Ni-Isotope von Ni-49 bis Ni-57 haben Halbwertszeiten von wenigen Millisekunden bis zu höchstens 10 Tagen.

Auch wenn der Rekord bei der Kernbindungsenergie oft Fe-56 zugeschrieben wird, rangiert dieses Isotop tatsächlich erst an dritter Stelle. Die stärkste Bindung im Kern tritt bei Ni-62 auf. Die Bindungsenergien betragen 8,79 M3V/Nukleon bei Fe-56 und 8,795 MeV/Nukleon bei Ni-62. Die Bindungsenergiekurve zeigt die Nuklide, die dem Spitzenwert nahe kommen.

Die Nuklide mit der stärksten Bindung haben alle geradzahlige Kerne. Fe-56 kommt in Sternen etwa um den Faktor 10 häufiger vor als Ni-62. Möglicherweise liegt das an der größeren Fotospaltungsrate für Ni-62 im Sterneninneren oder vielleicht an der sehr niedrigen Rate der vielstufigen Produktion von Ni-62 aus Co-59.

77. Die Synthese schwerer Elemente

Die Synthese der schwereren Elemente jenseits von Fe findet bei Supernovaexplosionen statt, und zwar innerhalb weniger Tage oder noch kürzer. Die atomaren Trümmer werden ins All geschleudert, wo sie sich später zu neuen Sternen und Planeten zusammenballen und in Lebensformen eingehen sollen.

Der Fusionsprozess für Elemente im Periodensystem bis zu Fe erzeugt Energie, und daher kommen sie in den normalen Brennzyklen der Sterne vor. Aber da sich die »Eisengruppe« – also jene Elemente mit einer Isotopenmassenzahl von etwa 60 – an der Spitze der Bindungsenergiekurve befindet, *benötigt* die Fusion von Elementen oberhalb von Fe Energie – außer das am stärksten gebundene Isotop, Ni-62 zum Beispiel.

Man geht also davon aus, dass die Elemente jenseits von Fe in den verheerenden Explosionen der Supernovae gebildet werden, bei denen ein großer Fluss von energiereichen Neutronen Masse aufbaut, etwa jeweils eine Einheit, um die schweren Kerne zu erzeugen. Nach dem Neutroneneinfang erfahren manche Isotope einen β-Zerfall, bei dem ein Neutron in ein Proton plus ein Elektron und ein Elektron-Antineutrino umgewandelt wird, sodass sich die Atomzahl um eine Einheit erhöht. Einige Probensequenzen sind:

Fe-56 + n → Fe-57 (stabil)
Fe-57 + n → Fe-58 (stabil)
Fe-58 + n → Fe-59 → Co-59 durch β-Zerfall
Co-59 + n → Co-60 → Ni-60 durch β-Zerfall

Im Prinzip könnte dieser Prozess unendlich weitergehen, aber die Elemente jenseits von Uran (Z = 92) sind alle radioaktiv.

Die Schichten des Sterns, die die Anhäufung schwerer Elemente enthalten, können durch die Supernovaexplosion weggeschleudert werden und den Rohstoff von schweren Elementen in sich ausdehnenden Wasserstoffwolken liefern, die viel später kondensieren können, um neue Sterne, Planeten und das Material für Leben zu bilden.

78. Neutronenzerfall

Dass ein Neutron in einem Kern nicht zerfällt, beruht auf einem quantenmechanischen Effekt. Nach der Quantenmechanik wird die Zerfallsgeschwindigkeit von Fermis goldener Regel diktiert, die besagt, dass die Geschwindigkeit proportional zur Wahrscheinlichkeit des Zerfalls (d. h. zum absoluten Wert des Quadrats des Matrixelements, das die Ausgangs- und Endzustände verbindet) mal der Dichte der Endzustände ist. Weil das freie Neutron zu einem Proton plus Elektron plus Elektron-Antineutrino zerfällt, wissen wir, dass die Wahrscheinlichkeit für diesen β-Zerfallsprozess nicht null ist und dass es für die drei Produktteilchen Endzustände gibt. Die Energieerhaltung schreibt vor, dass die Gesamtenergie des Endzustands gleich der gesamten Ausgangsenergie des freien Neutrons ist.
In einem Kern ist der Zerfall eines Neutrons ein Übergang von einem Ausgangsenergiezustand, nämlich dem bestimmten gebundenen Neutronenzustand, den das Neutron einnimmt, zu einem Endzustand, der aus einem Proton in irgendeinem Protonenenenergiezustand plus einem freien Elektron und einem freien Elektron-Antineutrino besteht, wobei die beiden letzten Teilchen zur Energie des Endzustands beitragen. Somit diktiert die Energieerhaltung, dass sich das Proton in einem Protonenenergie-

zustand befindet, der niedrigerenergetisch als die Ausgangsenergie des Neutrons ist. In vielen Kernen sind alle vorhandenen Protonenzustände – das heißt, die nicht von Neutronen eingenommen werden – höherenergetisch als die Ausgangsenergie des Neutrons, sodass der Zerfall nicht stattfinden kann.
Die äquivalenten Energieniveaus der Protonen im Kern sind höher als die der Neutronen, weil ihre Energien die Coulomb-Abstoßung zwischen zwei Protonen und andere Eigenschaften der Kernkraft, insbesondere die Spin-Abhängigkeit, einschließen. Offensichtlich sind also Kerne stabil, bei denen kein Neutronen- und Protonenzerfall stattfindet!

79. Fein abgestimmter Kohlenstoff?

Der Energievergleich, der hier von entscheidender Bedeutung ist, ist nicht einfach bloß der Vergleich zwischen der radioaktiven Zustandsenergie von 7,65 MeV und dem praktischen Grenzwert von 7,7 MeV, sondern man muss hier auch die radioaktive Zustandsenergie von 7,65 MeV mit der Energie von 7,4 MeV der Reaktionsteilnehmer im Ruhezustand vergleichen. Diese Energiedifferenz von 0,25 MeV ist zu hoch für die Produktion von Kohlenstoff, und zwar um den Bruchteil von 0,05 MeV/0,25 MeV oder 20 Prozent, und das ist schließlich nicht so kritisch.

80. Der Proton-Proton-Zyklus

Viele andere Sterne nutzen den Kohlenstoffzyklus für ihre Fusionsenergie. Die verbreitete Proton-Proton-Zyklus-Reaktion ist nicht die Quelle der Fusionsenergie in vielen

Sternen, die Wasserstoff verbrennen, weil sich bei der ersten Reaktion in dieser Sequenz zwei Protonen verbinden, um ein Deuteron H-2 zu bilden, ein sehr unwahrscheinlicher Vorgang, der langsam abläuft. Bei der wahrscheinlicheren Reaktionssequenz fungiert C-12 als Katalysator:

$$\text{C-12} + p \rightarrow \text{N-13} + \gamma$$
$$\text{N-13} \rightarrow \text{C-13} + e^{+} + \upsilon$$
$$\text{C-13} + p \rightarrow \text{N-14} + \gamma$$
$$\text{N-14} + p \rightarrow \text{O-15} + \gamma$$
$$\text{O-15} \rightarrow \text{N-15} + e^{+} + \upsilon$$
$$\text{N-15} + p \rightarrow \text{C-12} + \text{He-4}$$

Diese Reaktionssequenz, der so genannte Kohlenstoffzyklus, verläuft viel rascher als der Proton-Proton-Zyklus, weil der als Katalysator fungierende C-12 von der Gesamtheit der Reaktionen weder erzeugt noch verbraucht wird. Der Nettoprozess ist noch immer der gleiche: 4 Protonen → He-4, und auch die erzeugte Nettoenergie ist die gleiche, aber die Geschwindigkeit der Energieerzeugung ist viel höher.

Der Kohlenstoffzyklus findet bei einer höheren Temperatur statt als der Proton-Proton-Zyklus, weil die Coulomb-Abstoßung zwischen C und H größer ist als zwischen H und H. Somit ist die Sonne mit ihrer inneren Temperatur von etwa 15×10^6 K nicht heiß genug, um den Kohlenstoffzyklus zu aktivieren, der etwa 20×10^6 K benötigt.

81. Der Kernreaktor von Oklo

Die Reaktionssequenz zeigt, wie Pu aus lokalem U-238 erbrütet werden muss, dem am häufigsten natürlich vorkommenden Uranisotop. Zunächst entstehen Neutronen aus der Kernspaltung von U-235. Doch das sehr reiche Vorkommen von U-238 bedeutet, dass dieses Isotop einige der Neutronen absorbieren wird, um zu U-239 zu werden, durch β-Zerfall zu Neptunium 239 und dann zu Pu-239 zu zerfallen. Ein Teil des sich ergebenden Pu-239 erfährt eine Kernspaltung.

U-238 + n → U-239 → Np-239 + e^- + anti-υ

Np-239 → Pu-239 + e^- + anti-υ

Doch weil die natürlichen Reaktionen in Oklo wahrscheinlich so lange Zeit im Gang waren, hatte das Pu-239 genügend Zeit, um durch α-Zerfall zu U-235 zu zerfallen. Somit waren die natürlichen Reaktoren von Oklo echte Brüter, in denen mehr U-235 gespalten wurde, als ursprünglich in den Reaktoren existierte. Den Beweis für den Brüterprozess enthält der Reaktor selbst in Form von mehr Spaltprodukten, als sie von der Menge von U-235 hätten erzeugt werden können, die aus jeder der Reaktorstätten verloren geht.

Ein zweites Beweisstück für die Pu-Spaltung ist die Isotopenzusammensetzung der Spaltprodukte im Massenbereich von 100 bis 110. Um Pu sowie zusätzliches U-235 zu erbrüten, müssen die Reaktoren über Zeiträume hinweg in Betrieb gewesen sein, die erheblich größer waren als die Halbwertszeit von Pu-239, nämlich etwa 24 360 Jahre.

82. Menschliche Radioaktivität

Zu einem bestimmten Zeitpunkt in der Geschichte der Strahlensicherheit, und zwar vor den ausgiebigen und langfristigen Messungen, war der empfohlene Strahlungsgrenzwert viel niedriger als heutzutage. Damals, Mitte des 20. Jahrhunderts, hätten zwei nahe beieinander befind-

liche Menschen genügend Gammastrahlung emittiert, die den empfohlenen Grenzwert überschritten hätte.
Wir können die Belastungsmenge schätzen und ihren Wert mit dem heutzutage empfohlenen Grenzwert vergleichen. In Ihrem Körper finden pro Sekunde annähernd 10^5 Zerfallsvorgänge von K-40-Isotopen statt, aber anhand der Zerfallstabelle wissen wir, dass nur etwa 11 Prozent einen Gammastrahl ergeben, sodass etwa 1100 selbsterzeugte Gammastrahlen pro Sekunde entstehen. Pro Jahr ergibt dies eine Strahlendosis von etwa 0,36 mSv, und das liegt weit unter dem heutzutage empfohlenen Grenzwert. Selbst eine dicht beieinander stehende Gruppe von 10 Menschen würde pro Jahr eine Strahlenbelastung von nicht mehr als 3,6 mSv erzeugen. Somit stellen wir weder für uns selbst noch für unsere Freunde ein Strahlenrisiko dar!

83. Kernkraft – voller Überraschungen

Beide Aussagen sind wahr.
1. Die einzigen Emissionen eines Kernkraftwerks sind (a) Wasserdampf aus seinen Kühltürmen, (b) Wärme energie im äußeren Kühlwasser, (c) irgendwelche Streugammastrahlen, die nicht abgeschirmt werden (wahrscheinlich kaum über der normalen Hintergrundstrahlung), (d) irgendwelche radioaktiven Isotopen, die im äußeren Kühlwasser erzeugt werden (wahrscheinlich kaum über der normalen Hintergrundstrahlung) und (e) elektrische Energie.
Die Emissions- und die Sicherheitsverfahren bei einem Kohlekraftwerk sind nicht so streng, und weil jede Kohle natürliches radioaktives Material mit vielen Isotopen enthält, gelangen einige dieser Isotope in die Luft, wenn die

Kohle gelagert wird, wenn sie verbrannt wird und so weiter. Messungen in Kohlekraftwerken bestätigen, dass radioaktive Atome und Moleküle freigesetzt werden.
Amerikanische Wissenschaftler sind aufgrund von Messungen zu der Schlussfolgerung gelangt, dass Menschen, die in der Nähe von Kohlekraftwerken leben, höheren Strahlendosen ausgesetzt sind als die, die in der Nähe von Kernkraftwerken leben, die sich nach den strengen staatlichen Auflagen richten. Die Tatsache, dass Kohlekraftwerke auf der ganzen Welt die Hauptquellen von radioaktiven Materialien sind, die in die Umwelt gelangen, bedeutet, dass die Kohleverbrennung die Gesundheit mehr gefährdet und mehr zur Belastung durch die Hintergrundstrahlung beiträgt als die Kernkraft. Ferner heißt dies, dass die Kapital- und Betriebskosten von Kohlekraftwerken steigen würden, wenn deren Strahlenemissionen strengeren Vorschriften unterlägen, und damit wäre Energie von Kohlekraftwerken wirtschaftlich gesehen weniger konkurrenzfähig.
2. Das Gesamtniveau der Hintergrundstrahlung, die sich aus der terrestrischen Strahlung (von K-40, Th-232, Ra-226 usw.) und der kosmischen Strahlung (Photonen, Myonen usw.) zusammensetzt, ist auf der ganzen Welt im Bereich von 8 – 15 μrad ziemlich konstant. Wenn man von einer maximalen Schädigung des menschlichen Gewebes ausgeht, entspricht diese gegenwärtige Hintergrundstrahlung etwa 1,8 mSv pro Jahr.
Würde man alle von Menschen produzierten künstlichen radioaktiven Materialien gleichmäßig auf der Erdoberfläche verteilen, dürfte die lokale Radioaktivität im Vergleich zu dieser vorhandenen natürlichen Hintergrundradioaktivität nur geringfügig zunehmen. Nehmen wir an,

wir müssten eine Million Tonnen künstliches radioaktives Material auf der Erdoberfläche von annähernd 5×10^{14} m^2 verteilen. Jeder Quadratmeter würde dann zusätzlich $0{,}2 \times 10^{-5}$ kg radioaktives Material aufweisen. Die natürlich vorkommende Menge radioaktiven Materials beträgt in den obersten 10 Zentimetern etwa 2×10^{-2} kg – die Zunahme betrüge also nur ein Zehntausendstel.

84. Kalte Fusion

Die kalte Fusion bei Raumtemperatur ist eine reale, aber unwahrscheinliche Möglichkeit. Der Hauptgedanke dabei ist die quantenmechanische Überlappung der Wellenfunktionen von beispielsweise zwei benachbarten H-2-Kernen. Ihre Wellenfunktionen überlappen sich natürlich immer, egal, wie weit sie voneinander entfernt sind. Doch je größer der Wert der Überlappung der Wellenfunktionen ist, desto wahrscheinlicher ist die Möglichkeit, durch Fusion einen He-4-Kern zu erzeugen.

Natürlich muss eine Coulomb-Barriere überwunden werden. In den Vierzigerjahren des vorigen Jahrhunderts wurde vorgeschlagen, eine Fusion mit Myonatomen – einem Proton mit einem Myon an Stelle des Elektrons – in Gang zu setzen, weil der Grundzustand des Myonatoms das Myon dem Kern im Durchschnitt so nahe rücke, dass das Myonatom auf das sich nähernde Proton neutral wirke. Berechnungen haben jedoch erwiesen, dass das erzeugte He-Isotop zu rasch zerfällt und die Fusionsenergieerzeugung nach diesem Schema somit nicht gelingt.

In Gasform bei Raumtemperatur kommen zwei kollidierende H-2-Kerne einander nicht nahe genug, um eine große Wellenfunktionsüberlappung zu bewirken – durch

die zwischen zwei positiven Kernen wirkenden elektrischen Kräfte werden sie stark abgestoßen. In einem Feststoff jedoch erfahren H-Kerne in benachbarten Gitterpositionen bei Raumtemperatur enorme Beschleunigungen in beliebiger Richtung, nämlich bis zu 10^{14} m/s^2. Da diese Beschleunigungen zuweilen gegeneinander gerichtet sind, können zwei Deuteronen einander sehr nahe kommen und vielleicht zu einem He-Kern verschmelzen. Die konkreten Berechnungen zeigen jedoch, dass dies nur selten geschieht.
Ungeachtet der extremen Unwahrscheinlichkeit einer Deuteriumfusion bei Raumtemperatur, der so genannten kalten Fusion, befassen sich damit weiterhin Forschungsteams auf der ganzen Welt.

85. Die Kernspaltung von U-235

Bei der Konstruktion einer Kernspaltungswaffe gilt es zwei Hauptprobleme zu bewältigen. Die Neutronenverteilung in reinem U-235 nimmt umgekehrt proportional zum Quadrat der Entfernung von jeder Kernzerfallsquelle ab, und der Zielkern entfernt sich während der Ausdehnung. Man steht also vor einem Diffusionsproblem, das durch bewegte Ziele noch kompliziert wird. Die bewegten Ziele bringen mindestens zwei Schwierigkeiten mit sich: Die Dichte der Ziele nimmt rapide ab, und der Neutroneneinfangquerschnitt ist eine Funktion der kinetischen Neutronenenergie in Bezug auf jeden U-235-Kern. Ohne die richtige Neutroneneinfangrate durch die zurückweichenden U-235-Kerne verpufft die Kettenreaktion.
Natürlich kann die Kernwaffe nicht aus reinem U-235 bestehen, weil die Isolierung von hinreichend großen

Mengen von U-235 aus U-238 zu schwierig und zu kostspielig ist. Somit enthält der sich ausdehnende Feststoff überwiegend U-238 mit etwas U-235 – wir müssen also nicht nur die zuvor genannten Probleme lösen, sondern auch die Kerneigenschaften von U-238 wie von U-235 berücksichtigen.
Offensichtlich ist es den Deutschen während des Zweiten Weltkriegs nicht gelungen, diese Diffusionsprobleme zufrieden stellend zu lösen.

86. Mini-Atombombe

Reines U-235 lässt sich zu einer kritischen Masse für eine dauerhafte Kettenreaktion akkumulieren, aber reines Pu-239 kann die Kettenreaktion nicht selbst starten, weil die Verlustrate der Neutronen die Produktionsrate übersteigt. Im Durchschnitt erzeugt jede U-235-Spaltung 2,5 Neutronen für jedes auftreffende Neutron. Bei der kritischen Masse des Spaltungsmaterials wird die Kettenreaktion in Gang gehalten. Für U-235 beträgt diese kritische Masse etwa 7 Kilogramm für ein ideales Verhalten, sodass man eine Kugel aus reinem U-235 etwa mit dem Durchmesser eines Baseballs benötigt. Dieser Baseball wäre natürlich zu heiß, um ihn einfach in die Hand zu nehmen.
Aufgrund der Diffusionsprobleme bei einem sich ausdehnenden Material muss die U-235-Kugel von einem starken Neutronenreflektor, einem so genannten Tamper, umgeben sein, der die Ausdehnung um einige Mikrosekunden verzögert, damit es vor der Explosion zu zusätzlichen Spaltungen kommt. Bei einem Wirkungsgrad von 100 Prozent entspräche das einer Sprengkraft von etwa 120 Kilotonnen TNT. Keine Kernwaffe ist allerdings so effizient.

Aus freigegebenen Geheimunterlagen geht hervor, dass für die Atombombe, die 1945 über Hiroshima abgeworfen wurde, etwa 60 Kilogramm hoch angereichertes Uran verwendet wurden. Die Sprengkraft der Bombe, die drei Tage später über Nagasaki detonierte, wurde von etwa 8 Kilogramm Plutonium 239 (>90 Prozent Pu-239) erzielt.

87. Große Kerne

Kleine Kerne, die angeregt und deformiert werden, verlieren ihre Energie vorzugsweise dadurch, dass sie in Heliumkerne (Alphateilchen) oder C-12-Kerne zerfallen, sofern dies möglich ist. Forscher sprechen denn auch oft von »Kernmolekülen«, die aus diesen zwei Einheiten bestehen.
Die größeren Kerne, mit über 150 Nukleonen, bekommen meist eine schnellere Rotation, wenn Energie zugeführt wird, und der höhere Drehimpuls führt dazu, dass der Kern stärker deformiert wird. Wenn der hochangeregte Kernzustand zerfällt, werden bis zu 40 Gammaquanten emittiert, während der Kern die »Anregungsleiter« hinabsteigt. Dabei wird ein für jeden Kern charakteristisches Gammastrahlen-Emissionsspektrum erzeugt. Anhand dieses Spektrums kann man die Kerndrehimpulszustände und die Deformation des Kerns ermitteln. Auf diese Weise hat man superdeformierte Kerne entdeckt.
Seit langem beschäftigen sich bedeutende Physiker mit der Drehbewegung von Quantenobjekten wie Atomen und Molekülen. 1912 wurde erstmals die gequantelte Drehbewegung von Molekülen in den Absorptionsspektren von Infrarotlicht entdeckt. Ende der Dreißigerjahre des vorigen

Jahrhunderts rückte die Drehbewegung von Atomkernen in den Mittelpunkt des Interesses, als man die 1938 von den Physikern Edward Teller und John Wheeler beobachteten Kernanregungsspektren zu erklären versuchte.
Die Quantenmechanik bestimmt die Formen. Nach der Anregung nimmt der Kern zunächst die Form eines Rugbyballs mit einem Längen-Höhe-Verhältnis von etwa zwei zu eins an. Mg-24 verhält sich als ein solcher superverformter Kern anscheinend so, als wären zwei C-12-Kerne seine Hauptkomponenten. Der nächste Zustand ist dann eine verlängerte hyperdeformierte Figur, weil vielleicht sechs Alphateilchen entlang der langen Achse aufgereiht sind. Dieser wurstförmige Kern ist hoch instabil und erzeugt ein unverwechselbares Zerfallsspektrum.
Neuere Untersuchungen mehrerer Bleiisotope warten mit überraschenden Ergebnissen auf. Die Winkelverteilung und Polarisierung der Gammastrahlen beweisen, dass sie keine elektrischen Quadrupolübergänge (E2), sondern magnetische Dipole (M1) sind. Klassischerweise wird die M1-Strahlung so dargestellt, als würde sie von einer rotierenden Stromschleife emittiert, wobei das Feld mit der gleichen Frequenz schwingt wie die Rotation. Ähnliche Gammastrahlen-Emissionsbänder sind vor kurzem in anderen Kernen im Massenbereich um 110 identifiziert worden, wo die Kerne auch nahezu kugelförmig sind. Diese Spektren haben ein Muster, wie es für Übergänge zwischen Rotationszuständen typisch ist und das uns vor ein kniffliges Problem stellt: Wie können wir diese regelmäßigen Muster von M1-Gammastrahlen erklären?

Diese konkreten Verschiebungen am Trommelfell lassen sich anhand des Mößbauer-Effekts erklären. Der Mößbauer-Effekt nutzt die rückstoßfreie Emission eines Gammaquants, zum Beispiel die 14,4-KeV-Linie des Fe-57-Kerns. Ein solches Gammaquant wird normalerweise von einem anderen Fe-57-Kern auf seinem Weg absorbiert. Wenn sich die Emitter (Fe-57-Atome auf dem Trommelfell) mit dem Trommelfell bewegen, passieren die emittierten Gammastrahlen das zweite Objekt, einen gekühlten dünnen Film von Fe, der einige Fe-57-Atome enthält, um dann in einem Gammastrahlen-Photonendetektor eingefangen zu werden.

Entscheidend ist hier die physikalische Eigenschaft, dass die natürliche Linienbreite des emittierten Gammastrahls sehr schmal ist, nämlich etwa 10^{-8} eV. Die Fe-57-Rückstoßenergie von etwa 0,002 eV erzeugt daher eine so große Doppler-Verschiebung, dass in dem gekühlten dünnen Film normalerweise keine Absorption stattfindet. Diese Doppler-Verschiebung kann man mit einem sich bewegenden Absorber oder Emitter von nur 0,0002 ms^{-1} aufheben. Wenn sich daher das Trommelfell zum stationären gekühlten dünnen Film hinbewegt, kommt es zu einer gewissen Resonanzabsorption des Gammastrahls, und die Detektorzählung nimmt ab. Bewegt sich das Trommelfell

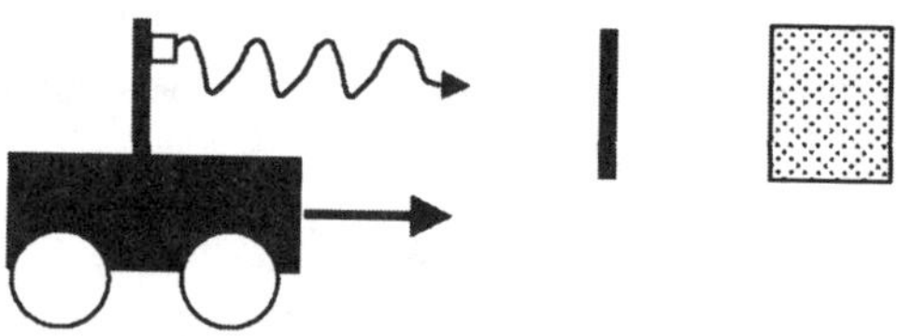

in entgegengesetzter Richtung, findet keine Absorption statt. Weil das Trommelfell nichtlinear schwingt, sind die Details etwas komplizierter. Aus den geometrischen Verhältnissen und den physikalischen Eigenschaften der Emission und der Mößbauer-Absorption lassen sich die Verschiebungswerte des Trommelfells berechnen. Die Empfindlichkeit dieser Technik ermöglicht es, Trommelfellverschiebungen wahrzunehmen, die nur Bruchteile eines Atomkerndurchmessers klein sind.

89. Der sibirische Meteorit von 1908

Willard Libby und Edward Teller gingen an dieses Ereignis mit einer vernünftigen Hypothese heran, da zwar niemals irgendwelche Gesteinstrümmer gefunden wurden, doch der angerichtete Schaden enorm gewesen war. Wenn der Meteorit aus Antimaterie gewesen wäre, dann hätte die Materie-Antimaterie-Vernichtung in der Atmosphäre und während der Kollision mit dem Boden genügend energiereiche Photonen bei 0,511 MeV, 935 MeV usw. freigesetzt, aufgrund von Elektron-Positron-Vernichtungen, Proton-Antiproton-Vernichtungen usw. Viele dieser Photonen hätten dann durch direkte Wechselwirkung mit Stickstoff 14 oder indirekt über die sekundäre Neutronenproduktion in der Atmosphäre einen angeregten Stickstoff-Atomkernzustand erzeugt. Der angeregte Zustand von N-14 zerfiel zu C-14, wodurch die atmosphärische Konzentration von C-14 in dem Kohlendioxid erhöht wurde, das von Pflanzen unmittelbar nach dem Ereignis aufgenommen wurde.
Eine Zunahme im Verhältnis von C-14 zu C-12 müsste bei der Radiokarbondatierung lebender Organismen wie Pflanzen auftreten, und zwar beginnend im Jahr 1908 bei

Bäumen vor Ort und dann ein paar Jahre später bei Bäumen in Nordamerika, verursacht durch den atmosphärischen Transport des C-14. Einer von uns (F. P.) arbeitete während des Sommers in Willard Libbys Labor. Seine Aufgabe bestand darin, die Jahresringe einer alten Eiche sorgfältig zu separieren, Stücke davon in Röhrchen zu geben und dann die Röhrchen so zu kodieren, dass nur er wusste, welche Röhrchen welche Jahresringe enthielten. Die Proben wurden nach der Radiokarbonmethode datiert, und dann wurden die Ergebnisse in einem Diagramm dargestellt, das das Verhältnis von C-14 zu C-12 in Beziehung zum jeweiligen Kalenderjahr setzte.

W. Libby, E. Teller, R. Berger, L. Wood und F. Potter haben ihre Datierungsergebnisse nicht publiziert. Sie wiesen eine signifikante Zunahme des Verhältnisses von C-14 zu C-12 in der alten Eiche aus Wisconsin im Jahr 1911 nach. Später (1965) veröffentlichte eine Forschungsgruppe um C. Cowan, C. R. Atluri und W. Libby ähnliche Ergebnisse der Analyse des C-14-Gehalts in einer 300 Jahre alten Douglastanne aus Arizona – auch hier wurde eine Zunahme an C-14 im Jahr 1911 festgestellt und ähnlich interpretiert sowie 1966 von R. V. Gentry bestätigt. Allerdings vermochte eine C-14-Messung durch J. C. Lerman, W. G. Mook und J. C. Vogel (1967) an einem Baum in der Nähe des Explosionsherds eine Zunahme im Verhältnis von C-14 zu C-12 im Jahre 1909 nicht nachzuweisen.

Möglich sind auch mehrere andere Interpretationen des Meteoritenabsturzes von 1908. So könnte ein Eis-Gesteins-Komet die Erde getroffen haben, so wie der Komet Schumaker-Levy 1994 den Jupiter traf. Außerdem kann man die Möglichkeit nicht ausschließen, dass ein massiver Gesteinsmeteorit einfach völlig verbrannte.

90. Das Standardmodell

Soweit wir wissen, existiert kein derartiges definitives Argument für die Paarung spezifischer Familien im Standardmodell der Leptonen und Quarks und ihrer Wechselwirkungen. Solange zum Beispiel sechs Leptonen die Anomalien der sechs Quarks aufheben, ist alles in Ordnung! Ja, man kann mit Hilfe der zweiten Familie der Quarks die von der ersten Familie von Leptonen beigetragenen Anomalien, mit der dritten Familie von Quarks die Anomalien der zweiten Familie von Leptonen und mit der ersten Familie von Quarks die Anomalien der dritten Familie von Leptonen aufheben. Tatsächlich würde jede Permutation der traditionellen Reihenfolge der Aufhebungen funktionieren.

Diese Mehrdeutigkeit in den Aufhebungen verweist wahrscheinlich darauf, dass das Standardmodell, wie es bislang verstanden wurde, unvollständig ist. Man würde zwar das traditionelle Schema erwarten, aber das konzeptuelle Verständnis, das das Standardmodell nahe legt, ist nicht zwangsläufig einzigartig.

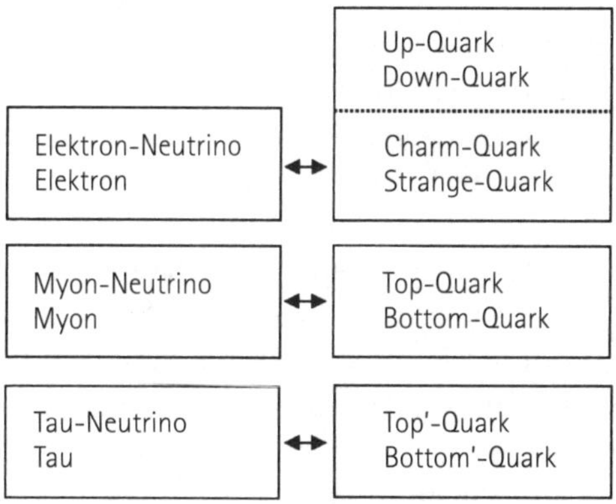

Einer von uns (F. P.) hat ein interessantes mathematisches Argument für die Paarung von Leptonen- und Quarksfamilien vorgeschlagen, das auf Korrelationen zwischen endlichen Rotationsuntergruppen der Eichgruppe des Standardmodells für die Leptonen und Quarks basiert. In diesem Schema befindet sich jede Leptonenfamilie und jede Quarksfamilie in einer unitären Untergruppe, und die Eins-zu-eins-Korrelationen sind mathematisch vorgeschrieben. Nach dem vorgeschlagenen Schema ließ sich zwar die Masse des Top-Quarks erfolgreich vorhersagen, doch diese geometrische Grundlage für das Standardmodell bedarf noch der Bestätigung anderer spezifischer Vorhersagen für Kollisionen, die derzeit am Fermilab geplant sind und eines Tages im Large Hadron Collider durchgeführt werden sollen.

91. Spontane Symmetriebrechung

Ja. Es gibt mindestens zwei andere Methoden, mit denen sich die gleichen Ergebnisse der Symmetriebrechung herbeiführen lassen, ohne dass dazu das Higgs-Teilchen erforderlich wäre. Das Standardmodell wird von seiner kontinuierlichen Eichgruppe $SU(3)_C \times SU(2)_W \times U(1)_Y$ beschrieben. Die einfachste Möglichkeit überhaupt besteht darin, diese kontinuierliche Gruppe spontan zu einer diskreten Symmetrieuntergruppe der kontinuierlichen Gruppe SU(2) zu zerbrechen. Das heißt, die Flavor-Eigenzustände der Leptonen und Quarks wären mit endlichen Rotationsuntergruppen von SU(2) statt mit der kontinuierlichen Gruppe verbunden. Analog dazu würde man in der Geometrie von einer Kugel durch Symmetriebruch zu einem regelmäßigen Tetraeder, Oktaeder oder Isokaeder

gelangen. Die Diskretheit mit der kontinuierlichen Symmetriegruppe U(1) der Quantenelektrodynamik in Einklang zu bringen kann jedoch ein Problem sein, wo Phasen vermutlich ständig schwanken. Eine andere Methode der Symmetriebrechung ist die Quarkkondensatmethode – auch hier ist ein Higgs-Teilchen nicht erforderlich.
Zur Zeit hat man noch kein Higgs-Teilchen in den Beschleunigern entdeckt, obwohl man davon ausgeht, dass seine Masse unter 200 GeV/c^2 liegt, also innerhalb des Energiebereichs der großen Beschleuniger. Natürlich ist der Zerfall eines solchen Higgs-Teilchens ein Flavor verändernder, neutraler stromschwacher Zerfall, das heißt, seine Zerfallsrate wird erheblich unterdrückt, sodass bislang nur ein paar Higgs-Zerfälle unter den Teilchentrümmern entdeckt würden. Wenn der Large Hadron Collider 2007 oder später online geht, müssten reichlich Higgs-Teilchen produziert werden – falls dieser Mechanismus wirklich die Quelle der Symmetriebrechung und der Teilchenmassen ist. Wenn das Higgs-Teilchen nicht auftaucht, dann bleibt die spontane Symmetriebrechung zu einer diskreten Gruppe eine alternative Möglichkeit.

92. Die Protonenmasse

Die Quantenchromodynamik beschreibt die Wechselwirkungen der Quarks. Die Massen der up- und down-Quarks werden jeweils mit ~ 5 MeV/c^2 angegeben. Doch diese »Stromquarks« sind nicht gemeint, wenn man von den Quarks spricht, die in einem Proton von den Farbfeldern eingeschlossen sind. Stattdessen muss man auf die effektive Masse – die »konstituierende« Masse – zurückgreifen, die dieses Eingeschlossensein (engl. *confinement*) erklärt und die sich nach dem Heisenberg'schen Unbestimmtheitsprinzip schätzen lässt. Da $\delta \times \delta p_x \geq h/4\pi$ und jedes Quark innerhalb des Protonenradius von etwa einem Fermi eingeschlossen ist, schätzen wir, dass $\delta p_x \sim 100$ MeV. In drei Dimensionen ist das gesamte $dp \sim \sqrt{(\delta p_x)^2 + (\delta p_y)^2 + (\delta p_z)^2}$ ~ 170 MeV/c². Somit müssen mindestens 510 MeV/c² der Protonenmasse mit der »konstituierenden« Masse der drei Quarks im Proton zusammenhängen. Der Rest verteilt sich auf die Energiebeiträge der Gluonen, die das Proton zusammenhalten.

Die meisten Eigenschaften der Protonen, *außer dem Spin*, werden anscheinend von diesen drei »Valenzquarks« festgelegt, etwa so wie die Valenzelektronen die wichtigen chemischen Eigenschaften von Atomen bestimmen. Wenn man jedoch das Innere des Protons gründlicher untersucht, findet man eine weitere Strukturierung, und zwar bis zu vier oder fünf weitere Teilchen, die man »virtuelle Quarks« nennt. Darüber hinaus können bis zu 30 Gluonen festgestellt werden. Das Proton enthüllt derzeit den Forschern sein Allerinnerstes, und der Anblick wird ziemlich interessant sein. Man kann sagen, dass Quarks, Antiquarks und Gluonen im Proton eine dicke »Suppe« bilden, und theoretische und experimentelle Physiker sind gemeinsam dabei, ihr Rezept herauszufinden.

Heute wissen wir, dass sich der Spin des Protons nicht allein durch die drei Valenzquarks erklären lässt. Im ganzen »Meer« der Quarks, Antiquarks und Gluonen besitzt jedes dieser Teilchen Spin, und daher muss man zunächst bestimmen, welchen Beitrag jedes einzelne Teilchen in dieser brodelnden Masse leistet. Bislang legen die Ergebnisse die Vermutung nahe, dass dieses Meer der Quarks nur einen minimalen Beitrag zum Gesamtspin eines Nukleons leistet!

93. Rechts- und linkshändige Neutrinos?

Nein. Die schwache Wechselwirkung ist mit dem SU(2)-schwachen Teil der Eichgruppe des Standardmodells verbunden, die in der unitären Ebene operiert – einer Ebene mit zwei komplexen Achsen. Das heißt, die fundamentalen Teilchenzustände von Leptonen und Quarks werden in dieser unitären Ebene definiert. An allen Rotationen in der normalen unitären Ebene sind nur linkshändige Dubletts und rechtshändige Singuletts beteiligt, was allein durch die Mathematik der geometrischen Transformation diktiert wird. Mathematiker nennen diese Transformationen rechte und linke Schrauboperationen. Somit wird die physikalische Eigenschaft von linkshändigen Dublett-Zuständen für die schwache Wechselwirkung durch die mathematische Eigenschaft von Rotationen in der unitären Ebene diktiert. Die Natur »kennt« einfach die Mathematik!

Die Antiteilchen-Eigenzustände sind in der konjugierten unitären Ebene, die eichäquivalent (*nicht* äquivalent) zur normalen unitären Ebene ist, sodass die Energiewerte von Teilchen und Antiteilchen gleich, aber alle anderen Eigenschaften gegensätzlich sind. In dieser konjugierten unitären Ebene schreibt die Mathematik rechtshändige Dubletts und linkshändige Singuletts vor. Die Existenz von zwei eichäquivalenten, aber unterschiedlichen komplexen 2-D-Räumen, die zueinander konjugiert sind, diktiert, dass das Universum sowohl Teilchen wie Antiteilchen hat. Warum so viel mehr Teilchen als Antiteilchen in unserem gegenwärtigen Universum existieren, ist ein noch ungelöstes Problem.

94. Eine Physik ohne Gleichungen

Die beste Möglichkeit, zellulare Automaten (CA) in Computern zu verwenden, besteht darin, die fundamentalen Wechselwirkungen des Standardmodells der Leptonen und Quarks plus die Schwerkraftwechselwirkungen der allgemeinen Relativitätstheorie einzubeziehen, oder noch besser ihre Quantengravitationsversion, wenn sie uns einmal zur Verfügung steht. Wir wissen, dass all diese fundamentalen Wechselwirkungen in der Natur mathematisch gesehen *lokalen* Phasenänderungen entsprechen, ein Prozess, der sich mit CA ohne die Verwendung von Gleichungen simulieren lässt, nämlich mit Hilfe einer cleveren Umsetzung der Pfadintegralmethode auf die gesamte Physik in Echtzeit. Bislang ist man zwar noch nicht über eine sehr grobe Annäherung hinausgekommen, doch die Physik der vielteiligen Wechselwirkungen wird von umfangreichen Rasterrechenmethoden oder vielleicht durch einen entsprechenden Quantencomputer bewältigt werden.

Die Grundidee besteht darin, das gegenwärtige Verhalten eines Teilchens zu bestimmen, indem man alle Phaseninformationen aus seiner lokalen Umgebung zusammenfasst. Natürlich vermittelt auch jedes Teilchen seiner nahen wie fernen Umgebung Phaseninformationen. Der neue Ort des Teilchens ist der Bereich, wo die Phasen am besten übereinstimmen. Die Rechnung erfordert eine dynamische Grenze für die Zählung benachbarter Zellen, damit man zu einem guten Annäherungswert der Phaseninformation gelangt und die lokale geometrische Symmetrie aufrechterhält. Eine Modellrechnung wurde von einem von uns (F. P.) auf einem Computer anhand von tausenden von Knoten in einem 3-D-Gitter durchgeführt, aber für eine

gute Berechnung benötigt man Millionen von Zellen oder einen entsprechenden Quantencomputer.
Die Ehe zwischen Physik und Mathematik ist seit vielen Jahrhunderten glücklich und fruchtbar. Mathematische Gleichungen, von einfachen algebraischen Gleichungen bis zu anspruchsvolleren Differenzialgleichungen, erlauben es uns, eine ungeheure Menge physikalischer Phänomene in einem einfachen Format zusammenzufassen. Die grundlegenden Symmetrien der Natur sind die wahre Quelle von vielen dieser Gleichungen. Doch wenn man diese Symmetrien zum Beispiel in Form der Schrödinger-Gleichung oder der Maxwell'schen Gleichungen ausdrückt und die Gleichungen löst, dann sind das menschliche Prozesse. Wir dürfen nicht davon ausgehen, dass die Natur das Gleiche tut, wenn es eine einfachere, direktere Methode gibt, lokal nach Informationen Ausschau zu halten. Daher glauben wir, dass die Physik künftiger Generationen darin bestehen wird, das Universum durch eine Kombination von zellularen Automaten mit Pfadintegralen zu verstehen.

Das kosmologische Spiel

95. Das Olbers-Paradoxon

Der deutsche Astronom Wilhelm Heinrich Olbers (1758 bis 1840) war nicht der erste Wissenschaftler, der die Frage stellte: »Warum ist der Nachthimmel dunkel?«, aber sein Name bleibt mit diesem Paradoxon verbunden. Der Nachthimmel ist dunkel, weil die Zeit, die erforderlich wäre, damit das Strahlungsfeld das thermodynamische Gleichgewicht erreichen würde, im Vergleich zu allen anderen Zeitskalen, die hier von Belang sind, zu lang ist – das heißt, die Lebenszeit der Sterne ist viel zu kurz, als dass der Himmel so hell wäre, wie es das Paradoxon nahe legt. Und wenn außerdem alle Materie im Universum in Strahlung umgewandelt würde, betrüge die Gleichgewichtstemperatur des Universums etwa 20 K, und das zeigt, dass die Energie für einen hellen Himmel nicht ausreicht. Edward R. Harrison kam Anfang der Siebzigerjahre des vorigen Jahrhunderts auf diese Lösung und stellte überdies fest, dass die übliche Erklärung, die auf der kosmologischen Rotverschiebung des Lichts von fernen Quellen basiert, gar nicht erforderlich ist, auch wenn sich danach ebenfalls ergibt, dass der Nachthimmel dunkel ist.

Die entscheidende Größe ist das Verhältnis der durchschnittlichen Lebensdauer $t\varphi$ eines Sterns zu der Zeitdauer T, die erforderlich ist, damit das Universum das thermodynamische Gleichgewicht erreicht. Wenn wir zunächst von einer gleichförmigen Sternendichte ausgehen, wissen wir, dass es nach der Zeit $t = t\varphi$ eine sich ausdehnende Kugel von ausgebrannten Sternen gibt, jenseits derer sich eine Schale von leuchtenden Sternen befindet. Die Strahlung aus dieser Schale hat eine maximale Strahlungsdichte, die gleich der Oberflächenstrahlungsdichte des durchschnittlichen Sterns mal dem Verhältnis $t_\varnothing/T$ ist, solange die Zeit $t << T$. Aber $t_\varnothing$ beträgt höchstens etwas mehr als 10 Milliarden Jahre, während sich beweisen lässt, dass T zig Milliarden Jahre beträgt – also bleibt der Nachthimmel dunkel. Harrison legt dar, dass dieses Argument für alle gegenwärtigen Modelle des Universums gilt und keine kosmologische Rotverschiebung erfordert. Er behauptet, Lord Kelvin habe 1901 als Erster die korrekte

Lösung gefunden, die Edgar Allan Poe in seinen erstaunlichen kosmologischen Spekulationen vorweggenommen habe.

96. Der Scheinwerfereffekt

In der speziellen Relativitätstheorie (SRT) spricht man vom Scheinwerfereffekt. Man geht davon aus, dass die Lorentz-Fitzgerald-Kontraktion von Entfernungen in der Richtung parallel zur konstanten Geschwindigkeit ist und keine Veränderung in der senkrechten Richtung erfolgt. Wenn das Hauptsystem das Fahrzeugsystem ist, dann ergibt sich der Winkel zwischen den zwei Systemen aus $\cos \phi = (\cos \phi' + v/c)/(1 + v/c \cos \phi')$. Wenn wir die entsprechenden Werte einsetzen, erhalten wir $\cos \phi \sim 1$ oder $\phi \sim 0°$! Somit befindet sich das ganze Licht in einem sehr kleinen starren Winkel in der Vorwärtsrichtung, und nur ein Beobachter direkt entlang der Bewegungslinie wird das Licht sehen. Das Licht des relativistischen, nahe an Ihnen vorbeifahrenden Fahrzeugs werden Sie nur dann sehen, wenn sich Ihr Auge in dem ganz schmalen Lichtkegel befindet.

Im Ruhesystem der Quelle strahlt der Stern Licht in allen Richtungen aus, doch die Rechnung zeigt, dass für den Beobachter eines sehr schnell näher kommenden Sterns praktisch dessen ganzes Licht entlang der Bewegungsrichtung scheint! Ein Stern oder eine Galaxie, der oder die sich sehr schnell nähert, sendet einen sehr schmalen hellen Scheinwerferstrahl aus, der die Erde verfehlen könnte. Und ein Stern oder eine Galaxie, der oder die sich sehr schnell von uns entfernt, ist vielleicht überhaupt nicht zu sehen, weil sich das Licht durch Rotverschiebung aus dem

sichtbaren Bereich entfernt und praktisch gänzlich von uns weg scheint!
Somit gilt es bei der Beobachtung von Sternen, diesen SRT-Scheinwerfereffekt zu berücksichtigen. Außerdem weisen die beiden Bezugssysteme unterschiedliche Zeitmaße auf, sodass sich die Anzahl der Photonen, die pro Sekunde vom Stern emittiert werden, von der Anzahl der Photonen unterscheidet, die auf der Erde empfangen werden. Ja, auch das Lichtspektrum wird unterschiedlich sein.

97. Verständigungsschwierigkeiten

Nein und ja! Im Normalfall nicht, da die relative Geschwindigkeit niemals schneller als die Lichtgeschwindigkeit sein kann. Die aufeinanderfolgenden Laserpulse werden vielleicht immer weniger häufig eintreffen, aber Sie werden dem Licht nie davonfliegen.
Allerdings würden Sie den Kontakt verlieren, wenn wir zulassen, dass sich der Raum an sich ausdehnt, analog zur Ausdehnung des Universums in den gegenwärtigen kosmologischen Modellen. Die Addition von Geschwindigkeiten erfolgt nach der alten klassischen und nicht nach der relativistischen Physik. Die Photonengeschwindigkeit wird von der lokalen Umgebung beeinflusst – das lokale Substrat (d. h. das Koordinatensystem) »zerrt« das Photon weg. Stellen Sie sich zwei lokale Regionen vor, die sich rasch voneinander entfernen. Wenn die Person in der einen Region ein Photon zur anderen hin abfeuert, zerrt das Substrat der ersten Region das Photon weg und verlangsamt damit seine Annäherung an sein Ziel. Wenn die Ausdehnungsgeschwindigkeit hoch genug ist, können die zwei Regionen sich mit Lichtgeschwindigkeit oder noch

schneller voneinander entfernen, und damit wird eine Verständigung zwischen Ihnen und Ihrem Freund verhindert.

98. Lokale Beschleunigungen

Die Anwesenheit des massiven Körpers lässt sich anhand der Flugbahnen der zwei Testmassen nach ihrem Aussetzen ermitteln. Im einfachen Fall, dass sich das Laboratorium in Bezug auf den massiven Körper nicht bewegt, werden sich die zwei Testmassen, wenn sie gleichweit vom Objekt entfernt, aber getrennt voneinander ausgesetzt werden, schneller als mit ihrer wechselseitigen Schwerkraftbeschleunigung aufeinander zu bewegen, während sie zu dem Körper hin fallen. Und wenn sie außerdem senkrecht voneinander getrennt sind, sodass eine Testmasse näher zum massiven Körper zu fallen beginnt als die andere, wird sich ihr senkrechter Trennungsabstand im Fallen verändern. In einem gleichförmigen Schwerefeld bliebe ihr Trennungsabstand in jedem Test unverändert.

Man kann dieses Problem ausweiten und auf einen rotierenden massiven Körper anwenden. Können Beobachter in einem Raumschiff nur durch »lokale« Messungen – also ohne nach draußen zu schauen – feststellen, ob sie sich im Feld einer rotierenden zentralen Masse befinden oder sich bloß mit der Geschwindigkeit V vor einem Schwarzschild-Hintergrund bewegen? Ja, das können sie. Wenn sie mindestens vier Testteilchen im Inneren ihres Raumschiffs verwenden und in der Lage sind, ihre relativen Beschleunigungen zu messen, gelingt es ihnen, alle Komponenten des Riemann-Tensors zu bestimmen und festzustellen, ob sie sich in der Raum-Zeit-Krümmung einer rotierenden zentralen Masse befinden. Achtung: Gyroskope helfen hier nicht weiter, weil man ihre Ausrichtung an Sternen draußen überprüfen müsste, und das ist ja verboten. Die Aufgabe besteht hier darin, einen neuen Effekt zu messen, den so genannten immanenten Schwerkraftmagnetismus, der durch die ART eingeführt wurde. Demzufolge werden die Invarianzen der Raum-Zeit-Geometrie und der entsprechenden Krümmung sowohl von der Masse-Energie wie von den Masse-Energieströmen relativ zur anderen Masse beeinflusst und bestimmt – das heißt, durch Masse-Energie-Ströme, die durch eine Lorentz-Transformation nicht eliminiert werden können.

99. Das Zwillingsparadoxon

Hier sollten sowohl die Erklärungen der speziellen Relativitätstheorie (SRT) wie die der allgemeinen Relativitätstheorie (ART) für das Altern des Zwillings, der im Weltraum unterwegs ist, herangezogen werden. Wenn wir nach der SRT nur Trägheitsreferenzsysteme betrachten und alle Beschleunigungen ignorieren würden, die der Weltraumreisende erfuhr, dann würde es zwischen den beiden Systemen eine Symmetrie geben, und die Zwillinge müssten gleich schnell altern. Somit also sind die Beschleunigungen, die der Weltraumreisende erfährt, für die unterschiedlich schnelle Alterung verantwortlich.
Man kann diese Beschleunigungen in der SRT oder in der ART behandeln. Manche Physiker behaupten, um das Problem des Zwillingsparadoxons zu lösen, sei nur die SRT erforderlich, weil es bei diesem Problem nicht um eine gekrümmte Raum-Zeit gehe – das heißt, man kann davon ausgehen, dass sich beide Zwillinge in einer flachen Raum-

Zeit befinden, weil keine Gravitationsbeschleunigungen in der Nähe einer Masse erforderlich sind. Dann würde man die Beschleunigungen für den Weltraumreisenden anhand von SRT-Berechnungen behandeln, vielleicht über die Geschwindigkeitsparametertechnik. Ein echtes ART-Problem dagegen würde die Physik der gekrümmten Metrik in der Nähe eines massiven Körpers erfordern.

Die Lösung des Zwillingsparadoxons mit Hilfe der ART beruht auf Uhren, die in einem Schwerkraftpotenzial in der Nähe einer Masse langsamer gehen. In großer Entfernung von der Masse geht die Uhr am schnellsten, und wenn sie der Masse angenähert wird, geht sie immer langsamer. Ein Mensch, der sich näher zum massiven Körper befindet, wo die Schwerkraftbeschleunigung größer ist, altert somit langsamer.

In Fällen, in denen die Beschleunigung eines Raumschiffs sich einer äquivalenten Schwerkraftbeschleunigung annähert – das heißt, in denen das Äquivalenzprinzip gilt –, können wir davon ausgehen, dass die Uhr des Weltraumreisenden während der Beschleunigung langsamer geht. Und aufgrund dieses Verhaltens altert der im Weltraum reisende Zwilling weniger. Aus der Perspektive eines dritten Beobachters, der sich in Bezug auf die Sterne und den zu Hause gebliebenen Zwilling im Ruhezustand befindet, ändert die Uhr im Raumschiff während der Beschleunigungen ihre Taktrate.

100. Die Zwillingsuhren

Eine Uhr geht dann am schnellsten, wenn sie sich im Zustand der Ruhe befindet und wenn es kein Schwerefeld gibt. Somit gilt es zwei Effekte zu berücksichtigen:

(1) Nach der speziellen Relativitätstheorie (SRT) beeinflusst die Bewegung der Uhr in Bezug auf das Laborsystem die Taktrate. (2) Nach der allgemeinen Relativitätstheorie (ART) beeinflusst die Veränderung im Schwerkraftpotenzial die Taktrate der Uhr. Bei einer Uhr im freien Fall sind die beiden Effekte exakt einander entgegengesetzt und heben einander auf! Die beiden Uhren gehen wieder gleich, wenn Charlotte sie das zweite Mal abliest.

Nun zu den Details. Erstens: Gilt es irgendeine Symmetrie zu berücksichtigen, die die Berechnung vereinfachen würde? Ja, die beiden Teile des Flugs der Uhr – die Bewegung nach oben und die Bewegung nach unten – spiegeln einander zeitlich wider, und bei diesen beiden Teilen vergeht die gleiche Zeit im Laborsystem und im System der sich bewegenden Uhr.

Sehen wir uns das Laborbezugssystem an. Wenn die Uhr in diesem System anfangs mit maximaler Geschwindigkeit nach oben fliegt, geht sie nach der SRT schneller, wenn die Geschwindigkeit abnimmt, während sie nach der ART schneller geht, wenn sie eine größere Höhe erreicht. Wenn die Uhr wieder fällt, geht sie nach der SRT wie nach der ART immer langsamer. Wir müssen also nur die Veränderungen in der Taktrate berechnen, wenn die Uhr ein kleines Stück – Δh – nach oben fliegt.

Nach der SRT ergibt sich die Zeitspanne T zwischen den Takten bei der Geschwindigkeit v aus $T = T'/\sqrt{(1 - v^2/c^2)}$, wobei T' die Zeitspanne zwischen den Takten der Uhr in ihrem eigenen Referenzsystem ist. In zwei verschiedenen Höhen – h_1 und $h_2 = h_1 + \Delta h$ – gibt es zwei Zeitspannen zwischen den Takten, nämlich $T_1 = T'/\sqrt{(1 - v_1{}^2/c^2)}$ und $T_2 = T'/\sqrt{(1 - v_2{}^2/c^2)}$, weil die Geschwindigkeiten in den beiden Höhen unterschiedlich sind. Da $v << c$ und wir für den freien Fall von einer annähernd gleichförmigen Beschleunigung ausgehen können, ist nach der dritten goldenen Regel der Bewegungslehre $v_2 = v_1 - 2\,g\,\Delta h$. Substituieren wir nun die quadrierten Geschwindigkeiten in den Gleichungen der Zeitspannen der Uhr und entwickeln wir in den Gleichungen die Quadratwurzeln im Nenner in einer Taylor-Reihe, dann erhalten wir $1/\sqrt{(1 - \varepsilon)} \sim 1 + \varepsilon/2$ … Es ergibt sich $T_2 \sim T_1 - T'\,g\,\Delta h/c^2$, eine Größe, die proportional zur Veränderung der Höhe ist.

Nach der ART ergibt sich die Zeitspanne T zwischen den Takten der Uhr in der radialen Entfernung R außerhalb eines Körpers mit der Masse M: $T = T'\,\sqrt{(1 - 2GM/(Rc^2))}$. Im Grenzbereich sehr großer R geht die Uhr am schnellsten. Per definitionem ist $g = GM/R^2$ an der Erdoberfläche. Substituieren wir die obigen Höhen für die zwei Entfernungen vom massiven Körper und subtrahieren wir sie voneinander. Es ergibt sich $T_2 \sim T_1 - T'\,g\,\Delta h/c^2$, eine Größe, die proportional zur Veränderung der Höhe ist, und diese Größe nach der ART ändert sich genauso schnell wie die Größe nach der SRT.

Somit wird die Gesamtveränderung in der Taktrate der nach oben fliegenden Uhr von der Gesamtveränderung in der Taktrate der nach unten fallenden Uhr aufgehoben, und daher ergibt sich keine Veränderung, wenn sie sich wieder in der gleichen Höhe befindet.

101. GPS-Satelliten

Die allgemeine Relativitätstheorie (ART) spielt hier eine wichtige Rolle. Zusätzlich zu den Korrekturen an den Uhren für die Bewegung des Satelliten nach der speziellen Relativitätstheorie (SRT) müssen weitere Korrekturen an den Taktraten in einem Schwerefeld vorgenommen werden. Beide relativistischen Effekte vermasseln uns die so schön einfache geometrische Berechung, die die Entfernung zu Zeit und Geschwindigkeit in Beziehung setzt. Die Uhren in den Satelliten gehen ein wenig schneller als identische Uhren auf der Erde, weil sie weiter vom Erdmittelpunkt entfernt sind und sich daher in einem etwas schwächeren Schwerefeld befinden. Sie gehen langsamer als die Uhren auf der Erde, weil sie sich in Bezug zu den Sternen schneller bewegen.

Wir können die Größen dieser Effekte durch Schätzung ermitteln. Nach der SRT ist die Zeitspanne T zwischen den Takten einer Uhr, die sich mit der Geschwindigkeit v bewegt, gleich $T'/\sqrt{(1 - v^2/c^2)}$, wobei T' die Zeitspanne zwischen den Takten der Uhr in ihrem eigenen Referenzsystem ist. Bei geringen Geschwindigkeiten $v << c$ entwickelt man die Quadratwurzel in eine Taylor-Reihe $1/\sqrt{(1 - \varepsilon)} \sim 1 + \varepsilon/2 \ldots$ und erhält $T \sim T'(1+v^2)/(2c^2)$. Bei Satelliten, die die Erde in etwa 720 Minuten umrunden, ergibt sich aus ihrer Geschwindigkeit ein Zeitkorrekturfaktor von etwa $1{,}1 \times 10^{-10}$. Mit der Lichtgeschwindigkeit multipliziert entspricht dieser Zeitfaktor einem Entfernungsfehler von etwa 3,3 Zentimeter pro Sekunde.

Nach der ART ergibt sich die Zeitspanne T zwischen den Takten der Uhr bei einer radialen Entfernung R außerhalb eines Körpers mit der Masse M aus $T = T' \sqrt{(1 - 2GM/(Rc^2))}$. Gehen wir von zwei verschiedenen Radien aus: $r_1 = 6{,}37 \times 10^6$ m und $r_2 = 2{,}02 \times 10^7$ m. Substituieren wir die zwei Radien für die zwei Entfernungen vom massiven Körper und ermitteln wir die Differenz zwischen beiden. Dann ergibt sich ein Uhrkorrekturfaktor von etwa $4{,}8 \times 10^{-10}$ für diesen ART-Effekt, und das ist etwas mehr als viermal soviel wie beim SRT-Effekt oder ein Entfernungsfehler von etwa 14,4 Zentimeter pro Sekunde. Somit würde selbst dieser geringfügige Effekt in 10 Minuten einen Entfernungsfehler von etwa 86 Meter ergeben, wenn er nicht berücksichtigt würde. Wer hätte gedacht, dass die Effekte sowohl der allgemeinen wie der speziellen Relativitätstheorie groß genug sind, um eine wichtige Rolle bei einem so praktischen System wie dem GPS zu spielen!

102. Die Rotverschiebung der Sonne

Selbst wenn es vielleicht keine relative radiale Bewegung zwischen der Sonne und dem Beobachter auf der Erde gibt, so diktiert doch die allgemeine Relativitätstheorie (ART) eine Schwerkraft-Rotverschiebung. Die infinitesimale Distanz *ds* in einem flachen euklidischen Raum mit den Koordinaten (r, θ, ϕ) ist definiert durch $ds^2 = c^2\, dt^2 - dr^2 - r^2\, d\theta^2 - r^2 \sin^2\theta\, d\phi^2$. Im Schwerkraftfeld mit der Masse M wird diese infinitesimale Distanz in der ART das Schwarzschild-Linienelement $ds^2 = (1 - r_g/r)c^2\, dt^2 - (1 - r_g/r)^{-1} - r^2\, d\theta^2 - r^2 \sin^2\theta\, d\phi^2$, wobei $r_g = 2GM/c^2$ und G die Gravitationskonstante ist.

Wir sehen, dass in der Nähe eines massiven Körpers wie der Sonne die Zeitkoordinate einen Faktor $\sqrt{(1 - rg/r)}$ enthält, wobei r die Position des Lichts gemessen vom Zentrum der Sonne ist. Wenn man diesen Faktor an der Sonnenoberfläche und in der Entfernung zur Erde einbezieht, stellt man fest, dass die Uhren in den zwei Distanzen unterschiedlich schnell gehen, und zwar umso schneller, je größer r ist. Eine Methode, die Rotverschiebung des Sonnenlichts zu erklären, besteht nun in der Annahme, dass das Photon seine immanenten physikalischen Eigenschaften nicht ändert – es behält zum Beispiel seine charakteristische Frequenz, die es während der Emission an der Oberfläche der Sonne angenommen hat. Dann wird der Beobachter auf der Erde, der die schneller gehende Referenzuhr in Bezug zu den Sternen hat, eine geringere Photonenfrequenz messen und eine Rotverschiebung des Lichts wahrnehmen.

Eine zweite Methode besteht in der Feststellung, dass die Veränderung in r für das Photon nachweislich einer Veränderung im Schwerkraftpotenzial entspricht. Das Photon beginnt im Prinzip in einem Energietal des Schwerkraftpotenzials und klettert nach oben, um die Erde zu erreichen. Seine Gesamtenergie muss konstant bleiben, sodass die Zunahme der potenziellen Energie im Schwerefeld durch die Abnahme der Photonenenergie $E = h\nu$ ausgeglichen wird – das heißt, der Beobachter auf der Erde nimmt ein rotverschobenes Photon wahr.

103. Körper auf Umlaufbahnen

Die allgemeine Relativitätstheorie (ART) sagt in der Annäherung der Schwarzschild-Metrik für die Raum-Zeit-Metrik um die Sonne eine Präzession der Planetenumlaufbahnen voraus. Bei Merkur beispielsweise summiert sich die gesamte ART-Präzession auf etwa 43 Bogensekunden pro Erdenjahrhundert. Auf die Merkurumlaufbahn wirken noch viele andere Präzessionseffekte ein, etwa die Effekte aller anderen Planeten, die die Sonne umrunden, und diese Störungen ergeben zusammen satte 532 Bogensekunden pro Jahrhundert, die sich alle bis auf die oben genannten 43 Sekunden mit Hilfe der Newton'schen Mechanik erklären lassen.

Wenn man die Winkelabweichung um die Umlaufbahn mit der ART in der ϕ-Koordinate und dann unabhängig davon in der r-Koordinate berechnet, ergibt sich eine Diskrepanz, die für diesen Effekt verantwortlich ist. Man kann auch der Energie im Gravitationsfeld um die Sonne eine zusätzliche äquivalente Massenverteilung zuordnen, die eine Metrik erzeugt, welche nicht einem Newton'schen $1/r$-Potenzial entspricht, sondern vielleicht $1/r^2$, $1/r^3$ oder irgendeiner anderen Funktion von r. All diese Funktionen von r weisen eine Präzession der Umlaufbahn auf.

Außerdem richtet sich ein Körper in einer Umlaufbahn wie ein die Sonne umrundender Planet eigentlich nicht präzise nach dem dritten Kepler'schen Gesetz. Das heißt, selbst wenn wir die Präzession der Umlaufbahn ignorieren, weil wir annehmen, dass sie zum gleichen Winkel in Bezug zu den Sternen zurückkehrt, bedarf die Umlaufzeit einer Korrektur. Diese Korrektur der Umlaufzeit ist ein so genannter vierter unabhängiger allgemeiner Test der ART, zusätzlich zur Gravitationsrotverschiebung, zur Ablenkung des Sternenlichts und zur Präzession einer Umlaufbahn.

Bei der Korrektur der Umlaufbahn geht man zunächst davon aus, dass sich die Referenzuhr im Zentrum der Umlaufbahn befindet. Die klassische Newton'sche Umlaufzeit ergibt sich nach dem dritten Kepler'schen Gesetz: $T = 2\pi\, a^{3/2}\sqrt{(GM)}$, wobei a die große Halbachse der Ellipse und M der Massewert des Zentralkörpers ist. Für die elliptische Umlaufbahn mit der Exzentrizität ε kann man in der ART die Umlaufzeit errechnen – sie beträgt in der radialen Koordinate $T_r = T(1/\alpha + 3/2\ r_g/r)$ und in der ϕ-Koordinate $T_\phi = T(1/\alpha + 3/2\ r_g/r)(\varepsilon^2/\alpha)]$, wobei $\alpha = (1 - \varepsilon^2)^{3/2}$. Für Körper auf Umlaufbahnen in der Nähe potenzieller

Schwarzer Löcher kann diese Korrektur groß werden, wenn sich die radiale Entfernung r dem Schwarzschild-Radius $r_g = 2GM/c^2$ annähert.

104. Die Gravitationslinse

Nach der allgemeinen Relativitätstheorie (ART) werden alle Formen von Energie durch ein Gravitationsfeld beeinflusst, also auch die Energie, die Photonen von Licht transportieren. In der Schwarzschild-Metrik, die einen Stern umgibt, wird beispielsweise der geradlinige Weg des Lichts von einem fernen Stern abgelenkt, wenn er in der Nähe eines riesigen Körpers wie unserer Sonne vorbeiführt. Der Ablenkungswinkel wird zum einen von der Newton'schen Anziehungskraft der Sonne, zum anderen von der geometrischen Modifikation des Raums durch die Sonne, der so genannten Krümmung, verursacht. Die Idee der Gravitationslinse existiert zwar schon seit gut 200 Jahren, aber erst seit etwa einem Jahrzehnt spielt sie eine wichtige Rolle bei astronomischen Messungen.

Gravitationslinsenbild im Hubble-Weltraumteleskop

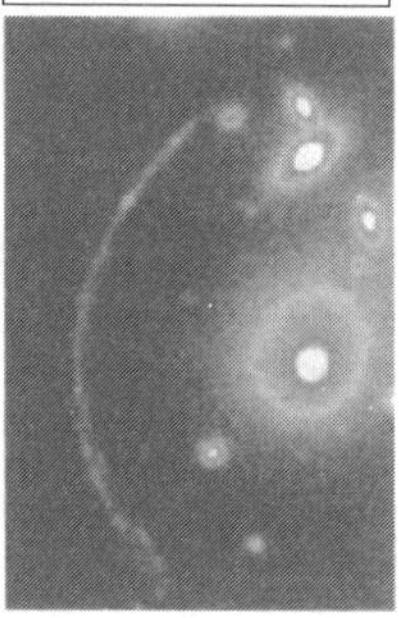

Wenn der dazwischen liegende massive Körper eine Galaxie ist, dann wird Licht von fernen Quellen hinter dieser Galaxie ein wenig von den beiden Effekten gebündelt, so wie Licht, das durch eine Glaslinse geht, in einem Brennpunkt gebrochen wird. Allerdings ist die Geometrie der Lichtbündelung bei Gravitationslinsen viel komplizierter als bei einer einfachen symmetrischen konvexen Linse, und zwar aus mehreren Gründen. Das Licht kann im Idealfall zum Beispiel auf einer Linie statt in einem Punkt fokussiert werden. Daher können Astronomen mit Hilfe von Galaxien als Linsen mehr Licht von fernen Objekten sammeln. Das Bild mag zwar unscharf sein, aber die größere Stärke ermöglicht es, dass viele spektroskopische Techniken besser funktionieren.

Gewöhnlich ist die Bildauflösung des fernen Objekts aufgrund von Inhomogenitäten in der dazwischen liegenden Galaxie ziemlich begrenzt. Doch diese Eigenschaften der Galaxie lassen sich recht gut untersuchen! Ja, wenn die klassische Anwendung der ART zur Berechnung der Fokussierungseffekte bei Gravitationslinsen korrekt ist, dann lassen sich die Gesamtmasse der dazwischen liegenden Galaxie und ihre Massenverteilung ermitteln. Diese Messungen weichen freilich von den Daten der sehr erfolgreichen Anwendung einer modifizierten Newton'schen Dynamik ab und sind eher Belege für das Modell der »dunklen Materie«.

105. Kosmologische Rotverschiebungen

Es gibt drei verschiedene Ursachen für die Spektralverschiebung von Licht, das von einer Galaxie emittiert oder absorbiert wird: die kinematische Doppler-Verschiebung

der speziellen Relativitätstheorie (SRT), die Gravitations-Rotverschiebung der allgemeinen Relativitätstheorie (ART) und die kosmologische Rotverschiebung, die durch die Ausdehnung des Universums verursacht wird. Diese drei Effekte lassen sich jedoch nicht voneinander unterscheiden, wenn man nur das Spektrum einer einzelnen Galaxie oder einer anderen einzelnen Lichtquelle beobachtet. Allerdings kann man die kinematische Doppler-Verschiebung für einen Galaxienhaufen über statistische Methoden gesondert betrachten.
Die Standarderklärung der kosmologischen Rotverschiebung besagt, dass das Koordinatensystem des Universums sich ausdehnt, während die Galaxien ihre lokalen Koordinatenwerte behalten. Dieses Verhalten lässt sich mit Hilfe eines Luftballons »imitieren«. Blasen Sie einen Ballon so weit auf, dass Sie auf seine Oberfläche ein Koordinatensystem zeichnen können, und setzen Sie ein paar Galaxien darin ein. Blasen Sie nun den Ballon weiter auf. Die Galaxien sind zwar weiter voneinander entfernt, aber sie behalten ihre Koordinatenwerte.
Man kann dieses Verhalten aber noch aus einer anderen Perspektive betrachten. Danach rast jeder Punkt im Universum von jedem anderen Punkt darin weg, das heißt, die Galaxien entfernen sich explosionsartig voneinander. Doch die Materie in den einzelnen Galaxien beteiligt sich nicht an der allgemeinen Ausdehnung, weil die lokale Schwerkraft die lokale Materie zusammenhält. Die Ausdehnung des Universums wird somit erst jenseits der Grenzen der Lokalen Gruppe von Galaxien sichtbar, also in einer Entfernung von etwa vier Millionen Lichtjahren vom Massenzentrum der Lokalen Gruppe.

106. Die Hypothese der Lichtermüdung

Diese beiden einzigen Beweise sind die Zeitdilatation, die sich aus der Ausdehnung des Universums ergibt, und die Spektralform der kosmischen Mikrowellen-Hintergrundstrahlung. Die Astronomen stellen fest, dass explodierende Sterne in fernen Galaxien langsamer heller werden und verblassen als in näheren Galaxien. Wenn zum Beispiel ein Stern am 1. Januar einen Lichtpuls und am 1. Februar einen zweiten Lichtpuls aussendet, dann sind diese beiden Lichtpulse durch einen Lichtmonat voneinander getrennt. Während sie sich zur Erde hin fortpflanzen, nimmt ihr Trennungsabstand zu, vielleicht verdoppelt er sich sogar, sodass sie im Abstand von zwei Monaten empfangen werden. Diese verlängerte Zeitspanne lässt sich mit der Hypothese der Lichtermüdung nicht erklären. Tatsächlich beobachtet man, dass ferne Supernovas langsamer heller werden und wieder verblassen als näher gelegene.
Das beobachtete Spektrum der Mikrowellen-Hintergrundstrahlung ist ein vollkommener Schwarzkörper, was sich leicht durch die Ausdehnung des Universums aus einem thermodynamischen Gleichgewichtszustand erklären lässt. Nach der Hypothese der Lichtermüdung bliebe ein zunächst existierendes Schwarzkörperspektrum kein Schwarzkörperspektrum mehr, wenn das Licht eine Rotverschiebung erfährt.

107. Entropie im Schwarzen Loch

Es sollte eine Strahlung vom Schwarzen Loch erfolgen – das heißt, aus dem umgebenden Weltraum, nicht aus dem Inneren des Schwarzen Loches, aus dem ja nichts herausgelangen kann. Diese so genannte Hawking-Strahlung

wurde zuerst in den Siebzigerjahren des vorigen Jahrhunderts rechnerisch ermittelt und muss noch experimentell bestätigt werden.
Nach der Quantenmechanik werden ständig Teilchen und Antiteilchen durch die Erzeugung virtueller Paare im Vakuum produziert. Wenn dieser Prozess in der Nähe eines Schwarzen Loches stattfindet, wird ein Teilchen des Paares vielleicht vom Schwarzen Loch »gefressen«, während das andere entkommen kann. Im thermischen Gleichgewichtszustand wird die Energiemenge, die das Schwarze Loch an die Hawking-Strahlung verliert, exakt durch die Energie ausgeglichen, die durch das Verschlingen anderer »thermischer Teilchen« gewonnen wird, die zufällig im »thermischen Bad« herumsausen, in dem sich das Schwarze Loch befindet.
Die Temperatur eines nichtrotierenden Schwarzen Loches ist $T = \mathrm{h}c^3/(8\pi \mathrm{k}GM)$, wobei h die Planck-Konstante und k die Boltzmann-Konstante ist. Beachten Sie, dass dieser Ausdruck Gravitation, Thermodynamik und Quantenmechanik miteinander verbindet. Bei Schwarzen Löchern von etlichen Sonnenmassen beträgt die Temperatur nur etwa 10^{-6} K! Die kleineren Schwarzen Löcher mit wenig Masse haben eine viel höhere Temperatur.

108. Wenn Schwarze Löcher kollidieren

Ja. Die beiden Schwarzen Löcher müssten sich vereinen wie zwei Tropfen einer Flüssigkeit. Wir müssen nur sicherstellen, dass die Entropie anschließend im vereinten Endzustand größer ist als die Entropie im Ausgangszustand. Dazu addieren wir die Entropie in den zwei Zuständen miteinander, den getrennten Schwarzen Löchern gegenüber dem einen großen Schwarzen Loch, wobei Gravitationswellen einen Teil der Energie und Entropie im Endzustand wegtransportieren.

Die Entropie des Schwarzen Loches ist proportional zur Fläche des Ereignishorizonts, der mit der vierten Potenz der Masse wächst. Angenommen, wir haben zwei Schwarze Löcher, eins mit der Masse M_1 und das andere mit der Masse M_2. Ihre ursprüngliche Gesamtentropie ist proportional zu $M_1^4 + M_2^4$. Wenn sie sich vereinen und ihre endgültige Gesamtmasse annähernd $M_1 + M_2$ ist, dann ist ihre endgültige Gesamtentropie proportional zu $(M_1 + M_2)^4$, und das ist eindeutig größer als die ursprüngliche Gesamtentropie, sodass die Reaktion funktioniert. In Fällen, in denen die endgültige Entropie nur ein wenig größer als die Ausgangsentropie der Teile des Schwarzen Loches ist, muss man die Entropie in den Gravitationswellen hinzuaddieren, um eine größere Ungleichheit sicherzustellen.

Eine größere Masse bedeutet auch eine größere Oberfläche und damit auch eine größere Entropie, als wenn die beiden kleineren Schwarzen Löcher getrennt blieben. Im Internet können Sie sich 3-D-Simulationen von kollidierenden Schwarzen Löchern und ihren emittierten Gravitationswellen anschauen.

109. Das Paradoxon der Zentrifugalkraft

Um dieses Paradoxon zu lösen, müssen wir zunächst die Lichtstrahlen in der Nähe des Schwarzen Loches betrachten. Die allgemeine Relativitätstheorie (ART) sagt voraus, dass es Lichtstrahlen um das Schwarze Loch geben müsste, die kreisförmig in einer radialen Entfernung verlaufen,

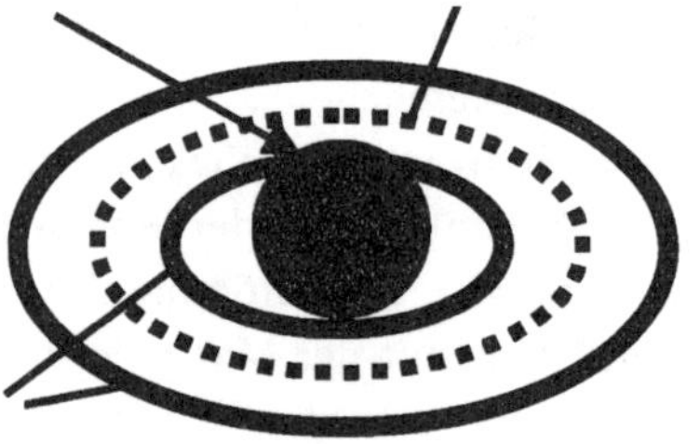

die das 1,5-Fache des Gravitationsradius $r_g = 2GM/c^2$ beträgt. Stellen Sie sich vor, dass sich um einen dieser kreisförmigen Lichtstrahlen ein kreisförmiges Rohr befindet, dessen Achse genau mit der des Lichtstrahls zusammenfällt. Messungen ergeben zwar, dass die Achse des Rohrs kreisförmig ist, doch wegen der Beugung des Lichts erscheint einem Beobachter auf der Achse das Rohr als absolut gerade. Das Licht einer Lampe, die von einem Kollegen an die Achse gehalten wird, erscheint Ihnen als schwächer, wenn der Kollege sich entlang der Achse entfernt, aber die Lampe wird nie dunkel, sodass Sie zu der Schlussfolgerung gelangen müssen, dass das Rohr gerade ist. Somit würde man entlang dieses kreisförmigen Wegs keine Effekte der Zentrifugalkraft erwarten.
Stellen Sie sich nun vor, dass sich das Rohr nicht um den kreisförmigen Lichtstrahl, sondern um einen kleineren kreisförmigen Weg befindet, der konzentrisch um das Schwarze Loch verläuft. Erneut kann man feststellen, dass sich das Rohr nach links krümmt und sich das Schwarze Loch zur Linken befindet, während man vorwärts geht. Die Richtung nach außen befindet sich zur Rechten. Die Alltagserfahrung lehrt uns, dass die Zentrifugalkraft nach außen drückt. Wieder entfernt sich Ihr Kollege mit der

Lampe, die er entlang der Achse des Rohrs trägt. Wenn die Lichtstrahlen irgendwie durch das Gravitationsfeld des Schwarzen Loches nicht gebeugt würden, sähen Sie, wie die Lampe hinter die linke Seite des Rohrs verschwände, und Sie würden zu der Schlussfolgerung gelangen, dass sich das Rohr nach links krümmt. Bei dem oben erörterten Weg ist die Lampe ja immer in Sicht. Aber nun ist das Rohr dem Schwarzen Loch so nahe, dass die Lichtstrahlen noch stärker als kreisförmige Strahlen gebeugt werden. Also sehen Sie tatsächlich, wie die Lampe *nach rechts* verschwindet. Somit befindet sich die Richtung nach außen zur Linken, und Sie müssen vorhersagen, dass die Zentrifugalkraft Sie nach links drückt!

110. Geodätische Linien und Lichtstrahlen

Die beiden Aussagen widersprechen einander nicht. Man muss stets geodätische Linien in der vierdimensionalen Raum-Zeit von geodätischen Linien im dreidimensionalen Raum unterscheiden. Lichtstrahlen folgen immer geodätischen Linien in der 4-D-Raum-Zeit, aber diese Wege sind nicht unbedingt geodätische Linien im 3-D-Raum. Ein Vergleich hilft hier weiter. Jeder Großkreis auf einer Kugel ist eine geodätische Linie auf der zweidimensionalen Oberfläche, aber da es sich um einen Kreis handelt, ist der Großkreis keine geodätische Linie im dreidimensionalen euklidischen Raum, in dem sich die Kugel befindet.

In der herkömmlichen Geometrie ist die geodätische Linie die kürzeste Kurve zwischen zwei Punkten. In einem flachen Raum – das heißt, in einem Raum, der frei von Gravitationsfeldern ist – ist die geodätische Linie eine gerade Linie. In der allgemeinen Relativitätstheorie kann man den

Abstand zwischen zwei Punkten im Raum als die Hälfte der Zeit definieren, die das Licht braucht, um von einem Punkt zum anderen und wieder zurück zu wandern, multipliziert mit der Lichtgeschwindigkeit. Im flachen Raum stimmen die beiden Definitionen überein.
In der vierdimensionalen Raum-Zeit bewegt sich das Licht stets entlang geodätischer Linien und richtet sich nach der Geometrie der Raum-Zeit. In einem durch ein Gravitationsfeld gekrümmten 3-D-Raum hingegen sind die Lichtstrahlen gekrümmt und fallen im Allgemeinen nicht mit geodätischen Linien zusammen, sodass sich Lichtstrahlen nicht nach der Geometrie des Raums richten.

111. Die Rotation von Galaxien

Um die Rotationseigenschaften einer Galaxie wieder mit der Newton'schen Gravitation erklären zu können, führt man eine zusätzliche Materie ein, die so genannte »dunkle Materie«, die die Galaxie in einer Art Halo umgibt und deren Masse etwa das Zehnfache der sichtbaren Masse beträgt! Bekannte Teilchen wie Elektronen, Protonen, Neutrinos und so weiter können nicht ihre Hauptbestandteile sein – sonst wären die Teilchen im Halo ja längst entdeckt worden. Somit muss sich in diesem galaktischen Halo irgendeine exotische Form von Materie und Energie befinden. Allerdings hat man bislang noch keinerlei »dunkle Materie« gefunden.
Eine interessante Methode, die keine »dunkle Materie« erfordert, heißt MOND, eine Abkürzung für modifizierte Newton'sche Dynamik, die sich immer dann anwenden lässt, wenn die innere radiale Beschleunigung in der Galaxie den Wert $a_0 = -1{,}1 \times 10^{-10}$ m s^{-2} unterschreitet, ein

unglaublich kleiner Wert nach Erdmaßstäben, der aber in den meisten Galaxien auftritt. Im Prinzip ersetzt MOND die Newton'sche Beschleunigung g_N durch $g = \sqrt{(g_N a_0)}$. Alle bislang untersuchten Galaxien scheinen den Konsequenzen dieser Ad-hoc-Regel zu unterliegen, die nur die sichtbare galaktische Materie heranzieht, aber ihr möglicher Ursprung in physikalischen Grundprinzipien wird noch immer erforscht. Das Hauptproblem bei MOND besteht darin, dass sie die empirischen Ergebnisse mit dem Fokussieren von fernem Sternenlicht durch Gravitationslinsen nicht in Einklang zu bringen vermag.

Um die Rotation von Galaxien ohne den Rückgriff auf die »dunkle Materie« zu erklären, wurde eine noch exotischere Lösung vorgeschlagen. Demnach könnten, verkürzt formuliert, die Struktur und das Verhalten der Galaxie daraus resultieren, dass sich die Galaxie in irgendeinem Quantisierungszustand befindet. Einer derartigen Theorie zufolge würden alle Sterne der Galaxienscheibe sich im gleichen Quantisierungszustand befinden, unabhängig von ihrer radialen Position, und müssten nach dem Virialsatz die gleiche Tangentialgeschwindigkeit $V = GM^2/(nJ)$ besitzen, wobei M die Menge der sichtbaren Masse, n eine kleine ganze Zahl und J der Gesamtdrehimpuls dieser sichtbaren Masse der Galaxie ist. Wenn man zum Beispiel reelle Werte für unsere Galaxis (die Milchstraße) einsetzt, erhält man einen Wert nahe dem gemessenen Wert von $V = 220$ km s^{-1}. Diese Theorie sagt voraus, dass der nächste Quantisierungszustand exakt die Hälfte der Tangentialgeschwindigkeit der Scheibe hätte. Und tatsächlich wurde 2003 ein Massestrom von Sternen, die die Galaxis gerade jenseits des Rands der ohne weiteres sichtbaren Scheibe mit einer Tangentialgeschwindigkeit von

110 km s^{-1} umrunden, zufällig anhand von Daten festgestellt, die vom Sloan Digital Sky Survey (SDSS) gesammelt wurden! Ob diese vorgeschlagene großräumige Quantisierung das Gravitationsverhalten in Galaxien und im Universum exakt darstellt, muss erst noch gründlich untersucht werden.

112. Die kosmische Hintergrundstrahlung

Erstaunlicherweise hat die kosmische Hintergrundstrahlung (KHS) eine vollkommene Schwarzkörper-Verteilung! Diese KHS ist im Universum gleichförmig und isotrop und überraschend flach über große räumliche Bereiche – das heißt, große Raumwinkel. Man vermutet, dass diese großen räumlichen Regionen selbst in entgegengesetzten Himmelsrichtungen stets miteinander kommunizieren, um so gleichförmig zu sein. Natürlich gibt es in kleineren Regionen individuelle charakteristische Galaxien, Galaxienhaufen und so weiter.
Nach der beliebtesten Interpretation, dem inflationären Standardmodell des Universums, müssen sich die fernen Regionen des Universums ursprünglich viel näher zueinander im thermischen Gleichgewicht befunden haben, damit sich die beobachtete Gleichförmigkeit entwickeln konnte, und dann muss eine sehr schnelle Inflation stattgefunden haben, die sie so weit voneinander trennte, dass sie nicht mehr miteinander kommunizieren konnten. Nun sehen wir, wie sich diese Galaxien, die einst so nahe beieinander waren, in entgegengesetzten Richtungen im Universum befinden und große Regionen die gleichen großräumigen Merkmale in allen Richtungen haben. Ihr ursprünglich kollektives Schwarzkörper-Spektrum mit

einer hohen Temperatur weist nun ein Spektrum mit niedriger Temperatur auf, weil die Ausdehnung des Universums die Wellenlängen »gedehnt« hat.
Die Sterne, die wir sehen, befinden sich nicht im thermischen Gleichgewicht als ein kollektives Ganzes. Man kann kein vollkommenes Schwarzkörper-Spektrum bei irgendeiner Temperatur erzeugen, indem man einfach Milliarden von Sternen nimmt, die sich nicht im thermischen Gleichgewicht als ein Ganzes befinden, und ihre Strahlungsstärken im Universum summiert. Ein Schwarzkörper-Spektrum erhält man auch nicht nach vielen anderen Hypothesen über die kosmische Rotverschiebung des Lichts von fernen Objekten, etwa aufgrund des Effekts der Lichtermüdung.
Man könnte allerdings spekulieren, dass die Galaxien ihre durchschnittlichen Trennungen nie verändern, dass es also keine Koordinatenexpansion gibt, wie es das inflationäre Standardmodell aussagt. Die kosmologischen Rotverschiebungen würden dann der Rotverschiebung entsprechen, wie sie durch einen effektiven kosmologischen Gravitations-Potenzialtopf erzeugt wird – in dem die Quelle zum Beispiel tiefer im Topf sitzt als der Beobachter, was für alle Quellen und alle Beobachter im Universum gilt. Die Galaxien wären in allen Epochen näher beieinander, würden miteinander kommunizieren und sich im thermischen Gleichgewicht befinden, sodass die gemessene Gleichförmigkeit den Erwartungen entspräche – das heißt, alle Richtungen sollten gleich aussehen. Eine Konsequenz wäre dann, dass man niemals Galaxien jenseits von etwa 12 Milliarden Lichtjahren sehen könnte, was dem tatsächlichen Entfernungswert in Abhängigkeit von der durchschnittlichen Materie/Energie-Dichte des Vakuums ent-

spräche. Die Rotverschiebungen würden als »effektive Rückzugsgeschwindigkeiten« interpretiert werden, die in dieser großen Entfernung Lichtgeschwindigkeit erreichen würden.

113. Planetenabstände

Die Radien der Umlaufbahnen der Planeten richten sich nur grob nach der Titius-Bode-Relation, sodass dieses spezielle Muster wahrscheinlich Humbug ist. L. Nottale und seine Forschungsgruppe haben jedoch gezeigt, dass die Planeten einer verallgemeinerten schrödingerartigen Wellengleichung (mit einem unbekannten Parameter) gehorchen, deren Lösungen ein regelmäßiges Muster vorschreiben, wo Körper auf Umlaufbahnen einen Gleichgewichtsradius erreichen. Die Planeten des Sonnensystems nehmen nur diese Radialpositionen ein, und einige Gleichgewichtsradien sind unbesetzt, vielleicht eine Folge ihrer Entstehungsgeschichte. Doch obwohl Nottales Zuordnungen extrem gut sind, gibt es mehrere andere Reihen von kleinen ganzen Zahlen, die statistisch genauso passen wie die von Nottale vorgeschlagene Reihe, einschließlich vieler Reihen mit großen ganzen Zahlen.
Außerhalb unseres Sonnensystems wurden Planetensysteme mit drei Planeten gefunden, aber ihre statistischen Zuordnungen lassen auch mehrere Reihen von ganzen Zahlen zu, sodass sie nicht die definitiven Testsysteme darstellen. Leider müssen wir also auf ein definitives extrasolares System oder auf einen präzisen Labortest warten, um die Frage zu klären, ob die Muster einfach Zahlenspielereien sind oder auf eine neue fundamentale Gravitationstheorie verweisen.

114. Die Entropie im Urknall

Wir zitieren noch einmal Roger Penrose. Danach lautet die »Standardlösung« für dieses Paradox:

»Gewiss, der Feuerball befand sich am Anfang effektiv im thermischen Gleichgewicht, aber zu diesem Zeitpunkt war das Universum sehr klein. Der Feuerball stellte den Zustand der maximalen Entropie dar, die für ein Universum von dieser geringen Größe zugestanden werden konnte, aber diese zulässige Entropie wäre geringfügig gewesen im Vergleich mit der Entropie, die für ein Universum von der Größe, wie wir sie heute vorfinden, zulässig ist. Als das Universum expandierte, nahm die zulässige maximale Entropie mit der Größe des Universums zu, aber die tatsächliche Entropie im Universum hinkte entschieden hinter diesem zulässigen Maximum her. Das zweite Gesetz ergibt sich daraus, dass die tatsächliche Entropie stets bestrebt ist, dieses zulässige Maximum einzuholen.«

Diese Lösung kann nicht korrekt sein, wenn das Universum schließlich einen »Big Crunch« (Endkrach) erleiden wird, denn dann würde das Argument wieder in der umgekehrten Richtung gelten! Wir stecken in einer Sackgasse.

115. Gravitationswellendetektoren

Bei allen Arten von Wellen, die über mehrere Wellenlängen voneinander entfernt ausgesendet werden, entsprechen die Lösungen der Wellengleichung dem Strahlungsfeld, das die Energie und den Impuls von der Quelle in den umgebenden Raum transportiert. Wenn wir mögliche Quellen von Gravitationswellen in der Milchstraße und darüber hinaus betrachten, sind die Wellen normalerweise mindestens mehrere Kilometer lang. Man könnte also die rotierende Labor-Gravitationswellenquelle mehrere Kilometer vom Gravitationswellendetektor entfernt platzieren, aber da die Strahlungsfeldstärke mit dem Quadrat der Entfernung abnimmt und die Detektoren nur eine geringe Empfindlichkeit haben, dürfte diese Versuchsanordnung mit heutigen Detektoren wohl kaum funktionieren. Soweit wir wissen, hat es somit noch nie einen echten Test der Gravitationswellenreaktion eines Detektors auf eine Gravitationsstrahlung gegeben, die man mit Laborquellen von Gravitationswellen erzeugt hat.

Es gibt zwei grundlegende Typen von Gravitationswellendetektoren: die Weber-Zylinderantenne, benannt nach dem Physiker Joseph Weber, der seine Forschungen auf diesem Gebiet in den Fünfzigerjahren des vorigen Jahrhunderts mit Hilfe von tonnenschweren, aufwändig aufgehängten Aluminiumzylindern von einem Meter Durchmesser begann, und das Interferometer LIGO, das gleichfalls von Joseph Weber und seinen Studenten analysiert wurde. Die klassische Berechnung der Resonanzreaktion der Weber-Antenne zeigt, wie begrenzt deren Empfindlichkeit für Gravitationswellen ist, die in unserem Sonnensystem und in der Milchstraße entstehen. Doch wenn sich die Weber-Antenne tatsächlich anders verhält, als man ursprünglich erwartet hat, nämlich als ein kohärent reagierender kollektiver Quantenoszillator, dann wird sie auf alle Frequenzen der einfallenden Gravitationswellen gut reagieren. Hunderte bis tausende von Schwingungsmodi könnten in einem großen Frequenzbereich angeregt werden und würden zu einer Zunahme der Empfindlichkeit führen, die im Bereich vieler Zehnerpotenzen liegt.

Gegenwärtig gibt es keinen bestätigten Empfang von Gravitationswellen durch einen der beiden Detektorentypen. Weber hat zwar berichtet, seine beiden nahezu identischen Zylinder, die fast zwei Jahrzehnte lang nebeneinander auf das Zentrum der Milchstraße ausgerichtet waren, hätten zweimal täglich Reaktionen angezeigt, aber kein anderer Forscher hat dieses Verhalten mit einem unabhängigen Detektor bislang bestätigt. Wir müssen also abwarten, bis erstmals Gravitationswellen durch LIGO oder andere Detektoren angezeigt werden. Leider können Interferometerdetektoren wie LIGO und VIRGO nicht als kollektive Quantenoszillatoren operieren.

116. Der gekrümmte Raum

Die vorgeschlagene Methode zur Bestimmung der Raumkrümmung wird sowohl bei kontinuierlichen wie bei diskreten Räumen funktionieren. Wenn wir von einer gleichförmigen Dichte von Sternen oder Galaxien ausgehen, ergibt sich die Zahl N dieser besonderen Art von Quelle innerhalb einer Kugel mit dem Radius R in einem euklidischen Raum (Nullkrümmungsraum) aus $N = \rho 4\pi R^3/3$, wobei ρ die gleichförmige Dichte ist. Wenn N im Verhältnis zur Entfernung graphisch dargestellt wird, stellt man fest, dass N die kubische Kurve der drei Raumtypen – positiv gekrümmt, flach oder negativ gekrümmt – unterschreitet, sich mit ihr deckt oder sie überschreitet.

In einem »kleinen« Maßstab, wenn die Gesamtzahl der Quellen weniger als ein paar hundert beträgt, kann es eine relativ große Unbestimmtheit im allgemeinen Verhalten der gezeichneten Kurve geben. Aber wenn immer mehr Quellen in größeren Entfernungen gezählt werden, müsste sich das asymptotische Verhalten einstellen. Allerdings müssten aufgrund der endlichen Lichtgeschwindigkeit und möglicher evolutionärer Veränderungen in den Quellen Korrekturen vorgenommen werden.

Wenn das Universum tatsächlich einen diskreten Raum darstellt, kann man beweisen, dass sich die Krümmung an der Grenze durch Zählen vieler Quellen bestimmen lässt, wenn die Zahl der Quellen groß wird. Stellen Sie sich zum Beispiel ein Gitter aus Punkten vor, etwa das regelmäßige Gitter von Atomen in einem Festkörper. Indem man nur die nächsten Nachbarn, dann deren nächste Nachbarn und so weiter zählt, nähert man sich schließlich asymptotisch einer Linie an, aus der sich die Krümmung ermitteln lässt.

Natürlich muss man in einem diskreten Raum aufpassen, dass man nicht immer wieder die Bilder der gleichen Quelle zählt. Stellen Sie sich zum Beispiel einen Raum vor, der in identische Würfel eingeteilt ist, die sich nebeneinander befinden und den ganzen Raum ausfüllen. Wenn wir in einem Würfel stehen, können wir nach rechts schauen und uns im Inneren des nächsten Würfels erblicken, wie wir nach rechts zum nächsten Würfel schauen und so fort. Jedes weitere Bild wird blasser und zeitlich früher sein, weil sich das Licht nicht unendlich schnell fortpflanzt. Wenn unser realer Raum im Universum diskret ist, wäre die Würfelgröße gewaltig – mit Sicherheit viel größer als unsere Lokale Galaxiengruppe, denn sonst hätten wir diese Diskretheit ja schon entdeckt, indem wir vielfache Bilder unserer Galaxis erblickt hätten. Wenn der Raum im Universum gekrümmt ist, werden die Würfel den Raum nicht ausfüllen. Mathematiker weisen darauf hin, dass einer der Dodekaederräume die einfachste Raumfüllung für einen negativ gekrümmten Raum wäre, den wahrscheinlichsten Typ von Raumkrümmung für das Universum. Allerdings ist die Krümmung des Raums noch nicht unzweideutig bekannt, auch wenn ein flacher Raum ohne Krümmung den gegenwärtigen Daten im Standardmodell eines sich ausdehnenden Urknalluniversums am ehesten entspräche.

117. Die Gesamtenergie

Ja, es kann eine Erschaffung von Materie aus nichts geben, ohne dass dies gegen irgendwelche Gesetze der Erhaltung verstieße! H. Margenau hat 1958 als Erster darauf hingewiesen, und N. Rosen sowie andere Physiker haben es 1994 ausführlicher nachgerechnet, dass in einem geschlossenen, homogenen Universum die Gravitationsenergie die Massenenergie aufhebt.

Margenaus Methode war ganz einfach. Stellen Sie sich ein endliches kugelförmiges Universum mit dem Radius R vor, das mit Materie und Strahlung der äquivalenten Gesamtmasse M gefüllt ist. Die potenzielle Gravitationsenergie ist die negative Größe $-\mathrm{kG}M^2/R$, wobei G die Gravitationskonstante und k ein positiver numerischer Faktor ist, der nicht viel größer als 1 ist. Die Gesamtenergie E im Universum ist demnach $E = M\mathrm{c}2 - \mathrm{kG}M^2/R$. Wenn wir repräsentative Werte wie $R = 1{,}3 \times 10^{26}$ m und eine Massendichte von 8×10^{-27} kg/m^3 einsetzen, erhalten wir schätzungsweise $\mathrm{k} \sim 2{,}4$, wenn $E = 0$. Nathan Rosen und seine Kollegen wiesen nach, dass die Gravitationsenergie die Massenenergie aufhebt, ohne dass sie auf numerische Schätzungen zurückgreifen mussten.

118. Gibt es verschiedene Universen?

Wenn die Lepton- und Quarkmassen von fundamentalen mathematischen Größen abhängig sind, müssen wir einräumen, dass alle fundamentalen Größen in der Natur ihren Ursprung in einer fundamentalen Mathematik haben. Dann kann es keine alternativen Universen geben, die jeweils angeblich verschiedene fundamentale Konstanten hätten, denn in ihnen würde ja ein und dieselbe Mathematik die gleichen physikalischen Konstanten diktieren.

1994 hat F. Potter im Rahmen des Standardmodells der Leptonen und Quarks die Verhältnisse der Leptonen- und Quarkmasse zu einer mathematischen Invariante in Beziehung gesetzt, der so genannten elliptischen Modularinvariante *J*, die unter allen linearen Transformationen invariant ist. Die entscheidende Vorhersage ist danach eine vierte Quarkfamilie mit einer b'-Quarkmasse von etwa 80 GeV/c^2 und einer t'-Quarkmasse von etwa 2600 GeV/c^2. Zwar sucht man seit mehreren Jahren im Fermilab-Collider bislang vergeblich nach einem b'-Quark, aber seine Existenz kann noch nicht ausgeschlossen werden, weil die Zerfallsreaktionen eine sehr geringe Wahrscheinlichkeit haben und von vielen anderen Teilchenzerfällen zu den gleichen Endprodukten überdeckt werden. Wenn der Large Hadron Collider in ein paar Jahren in Betrieb gehen wird, dürfte aufgrund seiner sehr hohen Produktionsrate von Quarks statistisch gesehen das b'-Quark sehr viel leichter zu finden sein.

Wenn das b'-Quark gefunden wird, dann ist zu erwarten, dass alle anderen fundamentalen physikalischen Konstanten ebenfalls von mathematischen Invarianten abzuleiten sind. Und falls das vorgeschlagene Schema korrekt ist, dann ist unser Universum das einzig mögliche Universum.

Selbst so exotische Spekulationen wie Zeitreisen könnten dann eliminiert werden, wenn die Richtung der Zeit eine der immanenten Eigenschaften der Definition des Teilchenzustands ist. Wir dürfen allerdings nie vergessen, dass die Natur stets klüger ist, als wir dies von uns erhoffen dürfen, sodass wir weiterhin jeden vernünftigen Vorschlag auf seinen Wahrheitsgehalt hin überprüfen müssen.

Die haarsträubende Funktion

119. Jodprophylaxe

Die Jodtabletten, meist Kaliumjodid, »toppen« die Schilddrüse mit stabilem Jod, um darin eine Anhäufung von allem radioaktiven Jod zu reduzieren, das in die Umwelt durch einen Kernkraftunfall freigesetzt wurde. Dieses radioaktive Jod gelangt vorwiegend über die Atmung in den Körper und damit in die Schilddrüse. Um die maximale Wirkung zu erzielen, sollten Sie die Jodtabletten einnehmen, bevor der radioaktive Fallout Ihre Gegend erreicht – denn sonst würden die Tabletten selbst auch radioaktiv werden.

120. Fahrradspuren

In »The Adventure of the Priory School« zeichnet Sherlock Holmes nicht nur eine Karte der Umgebung der Schule, sondern er untersucht auch mehrere Paare von Reifenspuren im Morast. Er musste die Fahrtrichtung des Fahrrads allein anhand der Spuren ermitteln. Holmes wusste aufgrund der Tiefe des Radabdrucks, welche Spur vom Hin-

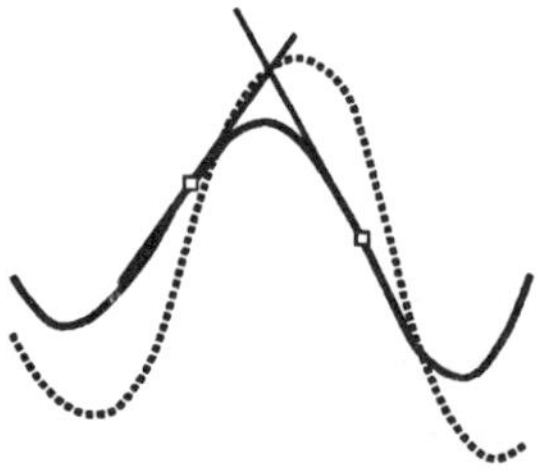

terrad hinterlassen worden war. Sie haben diese Information zwar nicht, aber mit ein wenig Mathematik kommen Sie auch auf die Lösung.

Denken Sie daran, dass das Hinterrad eines Fahrrads stets zu der Stelle zeigt, wo das Vorderrad den Boden berührt. Daher wird die Tangente zur Hinterradspur stets die Vorderradspur kreuzen, während die Vorderradspur diese geometrische Eigenschaft nicht aufweist.

Sobald wir die Hinterradspur ermittelt haben, können wir uns zwei beliebige Punkte darauf aussuchen und die Tangenten so weit verlängern, bis sie die Vorderradspur in beiden Richtungen schneidet. Dann messen wir die Segmente und bestimmen, welche Richtung Segmente der gleichen Länge ergibt. Da ein Fahrrad seine Länge nicht verändert, kennen wir nun die Fahrtrichtung.

121. Die Erwärmung der Erde

Ja, die thermische Energie, die durch Konduktion und Konvektion aus Quellen im Erdinneren an die Oberfläche gelangt, kann Schwankungen aufweisen. Es gibt mehrere Arten von thermischen Energiequellen, etwa radioaktive Kerne, die Teilchen emittieren, welche ihre kinetische Energie in Wärmeenergie umsetzen, sowie die Reibung zwischen Gesteinsströmen im Erdinnern, die lokale Hot Spots und/oder vorübergehende Veränderungen in den Fließeigenschaften flüssigen Gesteins oder in der Wärmeleitfähigkeit der Gesteine erzeugen könnte. Somit sind kleine Veränderungen in den Raten des Wärmeenergietransports zur Erdoberfläche möglich, und höchstwahrscheinlich treten sie ständig auf. Sind diese inneren Quellen schuld am gegenwärtigen langsamen Anstieg der Durchschnittstemperatur? Eigentlich müssten diese Schwankungen zu gering sein, aber niemand weiß das so genau.

122. Frequenzen stören

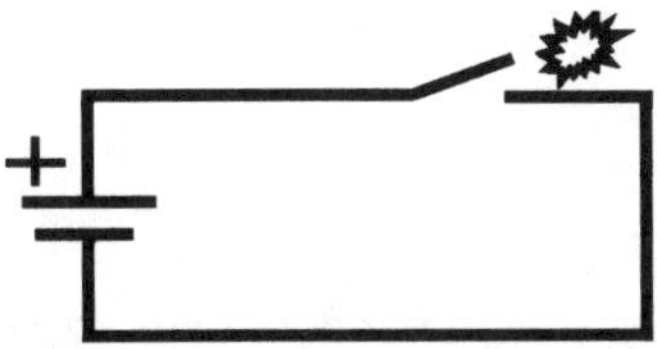

Eine Funkenstrecke ist meist eine wunderbare Quelle, mit der sich elektromagnetische Wellen aller Frequenzen gleichzeitig stören lassen. Je größer der Strom über die Strecke ist, desto stärker wird die mit jeder Frequenz emittierte Gesamtstrahlung sein. Das Verhältnis zwischen Stärke und Frequenz lässt sich ein wenig »tunen«, indem man den Elektrodenabstand verändert.

Eine einfache Funkenstrecke besteht aus einer kleinen Batterie und zwei Drähten, die sich fast berühren. In der Nähe eines Radios ist der kleine Funke, der die Lücke überspringt, durchs Radio zu hören – ein Hinweis darauf, dass viele Frequenzen emittiert werden. Oder man bewegt ein

Radio in die Nähe eines kleinen Elektromotors mit Bürsten und hört dann ihre Rotationsfrequenz, weil die Bürsten bei jeder Umdrehung den Kontakt herstellen und wieder unterbrechen.
Wenn man natürlich eine Funkenstrecke mit einer höheren Stromstärke haben möchte, kann man eine Autobatterie oder einen Transformator mit den entsprechenden Sicherheitsvorkehrungen verwenden, um einen unschädlichen Strom im intermittierenden oder kontinuierlichen Modus zu erzeugen. Radios, Fernseher und andere Geräte in der Nähe werden von dieser stärkeren Funkenstrecke gestört. Das kann selbst GPS-Übertragungen zwischen 1000 und 2000 MHz beeinflussen – hier muss also darauf geachtet werden, dass man nicht gegen staatliche Übertragungsvorschriften verstößt.

123. Lichtenergie

Eine Lichtquelle, die Licht mit der Frequenz f emittiert und sich einem Beobachter mit der konstanten Geschwindigkeit v nähert, scheint um einen Wert blauverschoben zu sein, der sich aus der Formel für den relativistischen Dopplereffekt ergibt ($f' = f(1 - v2/c2)/(1 - v/c)$), weil sich die Taktrate im Referenzsystem der Quelle von der Taktrate im Referenzsystem des Beobachters unterscheidet *und* sich ihr gegenseitiger Abstand verringert. Wenn $v << c$, können wir den Ausdruck in eine Taylor-Reihe entwickeln und erhalten $f' \sim f(1 + v/c - v2/c2 + \ldots)$, sodass der führende Term in Potenzen von v/c positiv ist und damit der Blauverschiebung entspricht. Wir nehmen an, dass eine Beschleunigung an sich noch keine zusätzliche grundlegende Frequenzverschiebung erzeugt, obwohl Beschleunigungseffekte

auftreten, weil die Quelle unmittelbar gleichzeitig sich bewegende Trägheitssysteme verändert.
Bei einem Photon beträgt die Energie $E = hf$ und der Impuls $p = E/c$, sodass sowohl die Energie wie der Impuls sich in unterschiedlichen Bezugssystemen unterscheiden, weil sich die beobachteten Frequenzen unterscheiden. Beachten Sie, dass der Rückstoß der Quelle bei der Emission von Licht und der Rückstoß des Beobachters beim Empfang hier nicht berücksichtigt wurden und dass auch die Energie und der Impulsinput, die erforderlich sind, um die relative Geschwindigkeit von Quelle und Beobachter stabil zu halten, in Betracht gezogen werden müssten. Natürlich wird in diesem Beispiel nicht gegen die Gesetze zur Erhaltung von Energie und Impuls verstoßen.

124. Saurer Regen

Keineswegs! Die fallenden Regentropfen werden keinen neutralen pH-Wert von 7 behalten. Reines Regenwasser, das durch unverschmutzte Luft fällt, ist eine Säure mit einem pH-Wert von etwa 5,6, weil die Tropfen bei ihrer Bildung und beim Fallen Kohlendioxid in der Luft lösen und durch Reaktion Kohlensäure, H_2CO_3, erzeugen. Offiziell definiert man Regen somit als sauer, wenn er einen pH-Wert von weniger als 5,0 hat, und diese Form kommt im Allgemeinen häufiger in Industriegebieten als in abgelegenen Regionen der Welt vor.
Der CO_2-Gehalt der Luft kann sich zwar durch menschliche Aktivitäten erhöhen, aber auch durch viele natürliche Ursachen wie Vulkanausbrüche, Blitzschläge, Ausscheidungen von Kühen, Bakterien und Brände. Wenn Industrie- und Autoabgase Schwefel- und Stickstoffver-

bindungen freisetzen, verbinden sich diese Moleküle mit Sauerstoff zu Schwefelsäure und Salpetersäure, die Ökosystemen, historischen Denkmälern und Gebäuden sowie der Gesundheit von Menschen auf der ganzen Welt schaden können. Weltweit ist man daher an einer Reduktion der Schwefel- und Stickstoffverbindungen interessiert, die in die Luft gelangen.

125. Elektrischer Strom

Die Elektronen im Hausnetz bewegen sich im Schneckentempo, nämlich mit einer durchschnittlichen Driftgeschwindigkeit von etwa einem Millimeter pro Sekunde. Diese Elektronen, die sich in den Metallkabeln frei bewegen können, sind überall verteilt, und wenn ein Stromkreis durch einen Schalter geschlossen wird, bewegen sie sich en masse, etwa so wie Wasser in einem in sich geschlossenen kontinuierlichen Schlauch. Die Elektronengeschwindigkeit ist begrenzt, weil ihre negative elektrische Ladung mit dem Gitter der positiven Ionen während der Bewegung in Wechselwirkung steht.
Außer ihrer Driftgeschwindigkeit erfahren die Elektronen eine Zufallsabfolge von flipperkugelartigen Kollisionen, sodass sie ihre Geschwindigkeiten und Richtungen ändern und sich damit im Prinzip wie ein freies Elektronengas verhalten. Folglich erhält das Leitmetall eine gewisse thermische Energie, und seine Temperatur steigt. Bei einer Glühbirne etwa wird dem Wolframglühfaden durch diesen Prozess genügend Energie zugeführt, sodass seine Temperatur dramatisch steigt, bis er eine neue Gleichgewichtstemperatur von etwa 2000 K annimmt und im sichtbaren wie im infraroten Bereich des Lichts glüht.

126. Die Umlaufbahn der Erde

Die allgemeine Relativitätstheorie schreibt zwar eine Präzession des Perihels aller Planeten, also auch der Erde, vor, doch dieser Effekt ist sehr gering im Vergleich zu Störungen, die von Gravitationseinflüssen aller Planeten ausgehen. Anscheinend durchläuft die elliptische Umlaufbahn der Erde einen Zyklus von rund 93000 Jahren von ihrer gegenwärtigen Ellipsenform und ihrer Orientierung in Bezug auf die Sterne hin zu einem Kreis, dann wieder zu einer Ellipse mit einer Orientierung, die senkrecht zur gegenwärtigen Orientierung ist, wieder zu einem Kreis usw., bis die gegenwärtige elliptische Ausrichtung annähernd wieder erreicht ist. Natürlich erfahren alle Planeten diese Störeffekte gleichzeitig, sodass die detaillierten Berechnungen ziemlich interessant werden.

127. Wie wachsen Kristalle?

Geschwindigkeit und Präzision des Kristallwachstums hängen von vielen Faktoren ab – von der Temperatur, der Konzentration und der Reinheit der Lösung. Wenn wir einmal von der idealen Lösung ausgehen, muss jedes zusätzliche Atom, das aus der Lösung hinzugefügt wird, zunächst einmal einen Ort auf der wachsenden Oberfläche des sich entwickelnden Kristalls finden. Aber diese Atome in der Lösung bewegen sich zufällig herum und erfahren dabei Zufallskollisionen mit dem Kristall an zufälligen Orten auf der Oberfläche. Wie also können sie einen vollkommenen Einzelkristall aufbauen?

Ihr kleines Geheimnis besteht darin, dass einige Atome, die sich zum Beispiel an Randorten angesetzt haben, von diesen Oberflächenorten entkommen können, damit an-

dere Atome aus der Lösung einen besseren Ort in der Nähe finden können, wobei »besser« hier bedeutet, dass die Atome einen festeren elektrostatischen Halt am Kristall haben. Aber diese besseren Orte tauchen nicht in chronologischer Reihenfolge auf, weil sie vom kollektiven Einfluss zahlreicher Atome festgelegt werden, die bereits im Kristall sind, und die beste Position eine Mikrosekunde zuvor kann für ein Atom nicht die beste Position jetzt sein. Somit vollzieht sich die Addition und Subtraktion von Atomen von der wachsenden Kristalloberfläche fast durch Ausprobieren! Folglich kann man keinen Algorithmus aufstellen, nach dem sich Atome aus der Lösung auf dem wachsenden Kristall platzieren.
Wenn der Kristall langsam wächst, bleibt für diesen Probierprozess genügend Zeit, und dann wird sich der Kristall mit weniger Versetzungen und Einschlüssen bilden. Wächst der Kristall hingegen schnell, werden Fehler in der Kristallstruktur festgehalten, und ein solcher Kristall hat dann im Allgemeinen viele Versetzungen und Einschlüsse.

128. Rubin, Saphir und Smaragd

Wie hängen Rubin, Saphir und Smaragd miteinander zusammen? Rubin und Saphir sind Farbvariationen desselben Minerals: Korund. Rubine enthalten eine geringe Menge Chrom. Reiner Korund ist farblos und bildet trigonale Kristalle, die aufgrund von Infiltrationen anderer Elemente in einer großen Farbvielfalt vorkommen. Alle Farbvariationen von Korund, außer Rubin, werden Saphire genannt.
Rubine sind die roten Variationen des Minerals Korund, einer kristallinen Form von Aluminiumoxid und eines der

haltbarsten Mineralien. Nur Diamanten sind härter. Die kräftige rote Farbe von Rubinen verdankt sich der Substitution einer kleinen Anzahl von Aluminiumatomen durch Chromatome. Werden Rubine hohen Temperaturen ausgesetzt, werden sie grün, aber nach dem Abkühlen nehmen sie ihre ursprüngliche Farbe wieder an. Einige Rubine leuchten in einem phosphoreszierenden Rot, wenn sie von ultraviolettem Licht beschienen werden.

Saphir ist Aluminiumoxid mit Spurenunreinheiten von Eisen- und Titanatomen, die die tiefblauen Farbtöne hervorrufen, die die meisten Menschen mit Saphiren verbinden. Mehrere andere Farben von Korund, wie Gelb, Orangerot und Violett, werden ebenfalls als Saphir klassifiziert. Synthetische Saphire werden seit 1902 produziert und für kratzfeste Uhrengläser, optische Scanner und in Anwendungen eingesetzt, wo es auf physische Stärke und Transparenz für ultraviolette Strahlung ankommt.

Smaragde sind nicht verwandt mit Rubinen und Saphiren. Sie sind die grüne Form von Beryll und verdanken ihre Farbe der Anwesenheit von Chrom oder Vanadium. Die Kristallstruktur von Beryllsmaragden ist hexagonal (sechsseitig), und ihr Härtegrad ist etwas höher als der von Quarz, aber erheblich niedriger als der von Diamant. Smaragde weisen häufig Fehler auf, und daher sind makellose Smaragde wegen ihrer Seltenheit sehr wertvoll.

Die Farben dieser Edelsteine werden von charakteristischen Rekombinationsübergängen erzeugt, an denen F-Zentren (Farbzentren) im Chromatom oder in anderen Atomen beteiligt sind. In einem vereinfachten Modell eines F-Zentrums regt das Umgebungslicht ein Elektron zum Beispiel im Chromatom an, sodass das Atom analog zum Wasserstoffatom behandelt werden kann, mit einem großen Durchschnittsradius für die Position des Elektrons fern vom Kern des Chromatoms. Der Elektronenübergang zurück in einen niedrigeren Energiezustand verursacht die Emission eines Photons im Bereich des sichtbaren Lichts.

129. Kordylewski-Wolken

Ende des 18. Jahrhunderts errechnete Joseph-Louis Lagrange anhand der Newton'schen Gesetze, dass es fünf Spezialpositionen von Objekten gibt, die durch irgendein Zweikörpersystem gebunden sind. Bei diesen so genannten Lagrange-Punkten sind die Positionen L1, L2 und L3 instabil, L4 und L5 hingegen stabil. Man hat mehrere Satelliten an oder nahe diesen Lagrange-Punkten platziert und auch schon vorgeschlagen, Weltraumkolonien an den Positionen L4 oder L5 zu errichten.
Wendet man das dritte Kepler'sche Gesetz auf ein Teilchen mit der Masse μ an, das die Sonne zwischen der Erdmasse *m* und der Sonnenmasse *M* mit der Erdumlaufzeit *T* umrundet, erhält man nach mehreren Schritten $GM\mu/(r - R)^3 - Gm\mu/[R^2\,(r - R)] = GM\mu/r^3$, wobei *r* die Entfernung

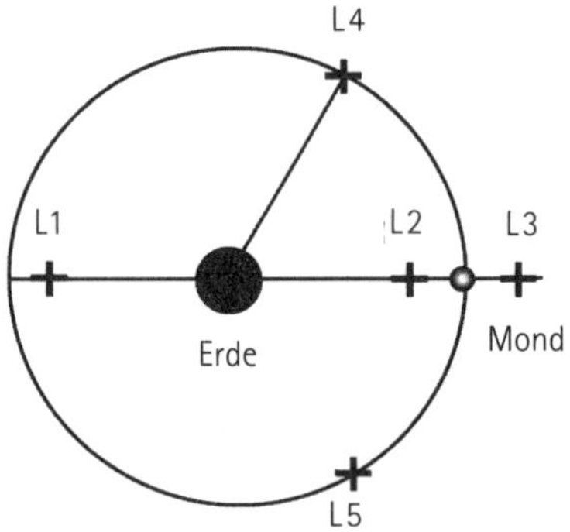

zwischen Erde und Sonne und *R* die Entfernung zwischen Erde und Teilchen ist. Die Entfernung zwischen Erde und L1 beträgt etwa das 0,01-Fache der Entfernung zwischen Erde und Sonne. Der Punkt L3 auf der Nachtseite der Erde lässt sich auf die gleiche Weise berechnen, indem man $(r - R)$ durch $(r + R)$ ersetzt. Bei der Berechnung der anderen drei Punkte hingegen müssen die Anziehungskräfte der anderen Planeten mit berücksichtigt werden.
Ähnliche Berechnungen hat man für die fünf Lagrange-Punkte im Erde-Mond-System angestellt. 1961 berichtete der polnische Astronom K. Kordylewski, er habe am Punkt L5 Staubwolken beobachtet, die andere Beobachter aber nicht gesehen haben. Berechnungen haben ergeben, dass Teilchen hier vielleicht nicht lange verweilen, bevor sie vertrieben werden.

130. Twistroller

Wenn die Ebene der V-Arme des Twistrollers die ganze Zeit horizontal bliebe, gäbe es keine Vorwärtsbewegung, außer dass man sich mit dem Fuß vom Boden abstößt. Doch indem man die senkrechte Griffstange etwa um 10 Grad zur Seite neigt, wird der Roller vorn ein wenig abgesenkt, und wenn der Rollerfahrer die Arme des V ein bisschen ungleichmäßig nach außen drückt, entsteht eine Vorwärtskraft, die der Kraft ähnelt, die von einem Schlittschuhläufer ausgeübt wird. Die Vorwärtsbewegung aus dem Ruhezustand kann an einer Steigung schwierig sein, die einen bestimmten Winkel übersteigt, der von der Größe der Räder und dem möglichen Kippwinkel der Griffstange abhängt.

131. Die Unruh-Strahlung

Nach dem Äquivalenzprinzip ist ein Teilchen, das sich im Vakuum beschleunigt, äquivalent zu einem Teilchen, das sich in einem gleichförmigen Gravitationsfeld im Ruhezustand befindet. Gibt es in einem Fall eine Strahlung, dann muss es auch im anderen äquivalenten Fall eine Strahlung geben. Erstere nennt man Bekenstein-Strahlung, Letztere Unruh-Strahlung – beide sind nach Physikern benannt, die die Eigenschaften der Strahlung theoretisch untersucht haben. Niemand hat jemals diese Strahlung gemessen, weil ihre Stärke um viele Potenzen von 10 zu schwach ist, um wahrgenommen zu werden.

132. Sternendurchmesser

Man kann den Interferenzdurchmesser eines fernen Sterns selbst dann bestimmen, wenn eine optische Parallaxenauflösung seines Durchmessers unmöglich ist, indem man sich die Quanteninterferenz zwischen den Photonen von der linken Seite des Sterns zunutze macht, die außer Phase mit den Photonen von der rechten Seite einfallen. Mit anderen Worten: Man geht davon aus, dass die Photonen nicht in Phase sind. Ihre Phasendifferenz hängt von drei Parametern ab: ihrer Ausgangsphasendifferenz, der Entfernung zum Stern und dem Durchmesser des Sterns. Indem man den Abstand zwischen den beiden Fotodetektoren auf den Armen eines Intensitätsinterferometers langsam verändert, kann man einen Bereich von Phasendifferenzen abtasten, um den Durchmesser der Quelle zu ermitteln. Vergleichsweise könnte man im Labor überlegen, wie man die Abstände zwischen den Spalten eines Doppelspalt-Interferenzexperiments mit einem ähnlichen

Apparat ermitteln würde. Letztlich kommt es eigentlich nicht zwischen den Intensitäten, sondern zwischen den Amplituden zu Interferenzen. Im Gegensatz zum Doppelspaltexperiment hängen die Phasenkorrelationen jedoch vom Produkt der Intensitäten ab.
Das ursprüngliche Experiment heißt Brown-Twiss-Experiment und ist nach den beiden Forschern benannt, denen es 1957 erstmals gelang, mit Hilfe dieser Technik den Durchmesser eines Sterns zu ermitteln. Die mit der Überlagerung getrennter Lichtstärken verbundene Interferenz stieß damals auf erhebliche Skepsis. Anscheinend, so erzählt man sich, hielt einer der beiden Forscher kurz nach ihren ersten Messungen einen Physikvortrag am Caltech. Damals saßen mehrere Physiknobelpreisträger zusammen mit Richard Feynman und anderen prominenten Physikern in der ersten Reihe. Etwa 10 Minuten nach Beginn des Vortrags ging Feynman hinaus, was den Redner sehr bestürzte. Rund 40 Minuten später, kurz vor dem Ende des Vortrags, kam Feynman zurück und nahm wieder Platz. Der Vortragende wollte wissen, warum er hinausgegangen und wieder zurückgekommen sei. Feynman erwiderte, er sei gegangen, weil er geglaubt habe, die Ausführungen des Redners seien physikalisch nicht korrekt. Er sei in sein Büro gegangen und habe das Problem durchgearbeitet – nur um festzustellen, dass es physikalisch korrekt behandelt worden sei. Dann sei er zurückgekommen, um seinem klugen Kollegen seine Anerkennung zu zollen. Doch nun war der Redner erneut bestürzt, nämlich darüber, dass jemand die vielen Details in so kurzer Zeit hatte nachrechnen können …

133. Der Glauber-Effekt

Ja, eine Standardglühbirne emittiert tatsächlich einzelne Photonen, manchmal Photonenpaare, manchmal Tripletts und so weiter. In der idealen chaotischen Photonenquelle – zum Beispiel einem heißen Glühfaden, dessen physikalische Dimensionen kleiner als eine Wellenlänge des emittierten Lichts sind – kann das erste spontan emittierte Photon die Emission eines zweiten Photons aus einem benachbarten Atom stimulieren, und beide können die Emission eines dritten Photons stimulieren und so weiter. Im Prinzip können die Photonen, die am Empfänger eintreffen, einzeln, doppelt, dreifach und so weiter sein, wobei der tatsächliche Photonenzustand davon abhängt, wie viele stimulierte Photonen gesammelt wurden, bevor sie die Lichtquelle verließen. Der Empfänger empfängt mit jeder Absorption einen unterschiedlichen Energieimpuls. Da die Wahrscheinlichkeit der stimulierten Emission zum gleichen Endzustand proportional der Anzahl der Photonen ist, die sich bereits in diesem Zustand befinden, treten diese vielfachen Photonenprozesse ziemlich häufig auf.

Reale Lichtquellen wie Glühbirnen haben im Vergleich zur Wellenlänge des Lichts gewaltige physikalische Dimensionen. Daher wird es entlang dem Glühfaden gleichzeitig zahlreiche ideale chaotische Quellen geben, die willkürlich Photonen zum Detektor hin emittieren. Diese Photonen treffen im Allgemeinen in Bündeln ein, wobei die Photonen innerhalb irgendeines Bündels von mehreren Orten in der Quelle ausgehen. Sehr selten findet man einen gleichmäßigen Strom von Photonen vor, die nahezu im gleichen Zeitabstand von der Glühbirne her eintreffen, wenn man das Ganze im Nanosekundenmaßstab betrachtet.

134. Vogellaute

Manche Vögel können tatsächlich nur Laute in einer Grundfrequenz ohne Harmonische von sich geben. Man untersucht noch immer, wie der Vogel die Harmonischen eliminiert, die er ursprünglich im Inneren erzeugt. Gegenwärtig vermutet man, dass eine Hohlraumresonanz bloß den Grundton verstärkt, bevor der Laut emittiert wird. Wenn sich die Grundfrequenz verändert, dann muss sich auch der Hohlraum verändern, um den neuen Grundton »live« anzupassen.

135. Die haarsträubende Funktion

Für die HRF einer nichtganzzahligen Zahl muss man ein paar weitere Beispiele der HRF von ganzen Zahlen aufschreiben. Wenn man dann den Logarithmus jedes Beispiels nimmt, stellt man fest, dass sich alle in Form von $\log N = n^{n-1} \log n$ ausdrücken lassen. Wenn man nun den Exponenten beider Seiten mit der richtigen Gruppierung nimmt, lautet der endgültige Ausdruck $N = (n)\hat{}(n^{n-1})$ – das heißt, n mit der Potenz (n^{n-1}). Mit HRF $(x) = (x)\hat{}(x^{x-1})$ lässt sich die HRF von nichtganzzahligen Werten mit dem geeigneten Rechner, der viele Dezimalstellen anzeigt, leicht ausrechnen. Wie lautet der Grenzwert, wenn sich n null nähert? Man kann auch komplexe Zahlen verwenden, ebenso wie irrationale Zahlen wie π.

Zeichnet man die HRF von ganzen Zahlen in ein Koordinatensystem, ergibt sich ein bemerkenswert steiler Anstieg schon bei kleinen ganzen Zahlen – daher ja auch der Name! Vielleicht vergleichen Sie mal diesen Anstieg mit einer Exponentialfunktion. Und wenn Sie nichts weiter als einen Annäherungswert für die Umkehrung oder für die

HRF eines nichtganzzahligen Wertes haben wollen, liefert Ihnen die Kurve ein anschauliches Bild und befriedigt Ihre Neugier.
Allerdings ist die Umkehrung der HRF, soweit wir wissen, schwierig, und wir kennen keinen einfachen Algorithmus dafür. Wir wissen nicht einmal, ob die Umkehrung sich als Grenzwert einer Reihe ausdrücken lässt! Mit dem geeigneten Rechner kann man die Umkehrung durch sukzessive Annäherung an jede Anzahl von Dezimalstellen ermitteln.
Welchen Nutzen hat die haarsträubende Funktion? Die Frage erinnert uns an zwei klassische Zitate von Michael Faraday, als er versuchte, dem Premierminister, der ihn besuchte, eine Entdeckung zu erklären. Der prominente Gast wollte wissen: »Aber was für einen Nutzen hat sie denn nun eigentlich?« Worauf Faraday erwiderte: »Nun, Sir, es besteht die Wahrscheinlichkeit, dass Sie darauf bald eine Steuer erheben können.« Und als sich der Premierminister bei einer anderen neuen Entdeckung erkundigte: »Und wozu ist sie gut?«, erwiderte Faraday: »Wozu ist ein neugeborenes Baby gut?«

136. Weltraumkrabbler

Das US-Patentamt verlieh 1999 das Patent Nr. 5966986 an diesen Antriebsapparat. Wir zitieren aus der Patentschrift: »Ein Antriebssystem, das so konstruiert ist, dass es auf einer Nutzlastplattform wie einem Raumschiff, einem Satelliten, einem Flugzeug oder einem Ozeanschiff eingesetzt werden kann. Für den Betrieb des Systems wird elektrischer Strom benötigt. Doch während des Betriebs benötigt das System keinen Treibstoff oder irgendeine andere Masse, die an die Umwelt abgegeben wird, damit es sich im Raum bewegt.

Das System ist so konstruiert, dass es in zwei Betriebsmodi operieren kann: In Modus I bewegt das System die Nutzlastplattform mit jedem Operationszyklus stufenweise vorwärts. In diesem Modus ist die Geschwindigkeit, die der Nutzlastplattform vermittelt wird, nicht additiv. In Modus II beschleunigt sich die Nutzlastplattform während jedes Operationszyklus um einen diskreten Geschwindigkeitsschritt vorwärts. In diesem zweiten Modus sind die Geschwindigkeitsschritte additiv.«

Hier gibt es kein Problem mit der Energieerhaltung, weil die Batterie an Bord die Energie liefert. Der Erfinder Virgil Laul behauptet, wenn dieser Antriebsapparat mit einem Raumschiff verbunden werde, könne er das Raumschiff im Weltall antreiben. Wir lassen dieses Problem als letzte Aufgabe einfach so stehen. Was geht hier physikalisch vor? Wird hier dennoch gegen irgendwelche Erhaltungsgesetze verstoßen? Wird der Apparat im Weltall genauso funktionieren wie auf dem Lufttisch?

Glossar

Boltzmann-Konstante Die nach dem Physiker Ludwig Boltzmann (1844–1906) benannte Konstante stellt eine Energie in Beziehung zu einer Temperaturdifferenz. Sie entspricht der mittleren kinetischen Energie eines idealen Gasteilchens bei einer Temperatur von einem Kelvin. Diese Konstante hat für alle Gase denselben Wert, nämlich $1{,}38 \times 10^{-23}\ J/\mathrm{K}$.

Carnot-Kreisprozess Der Arbeitszyklus einer zwischen zwei gegebenen Wärmereservoiren arbeitenden Wärmekraftmaschine. Diese hat dann den höchsten Wirkungsgrad, wenn sie reversibel arbeitet. Der Kreisprozess besteht aus vier Schritten: 1. Reversible isotherme Aufnahme von Wärme aus einem wärmeren Reservoir. 2. Reversible adiabatische Expansion, bei der die tiefere Temperatur erreicht wird. 3. Reversible isotherme Abgabe von Wärme an ein kälteres Reservoir. 4. Reversible adiabatische Kompression, wieder zurück in den Anfangszustand.

De-Broglie-Wellenlänge Bereits 1924 vermutete der französische Physiker Louis de Broglie, dass der Welle-Teilchen-Dualismus auf jede feste Materie anzuwenden sei. Somit konnten auch klassischen Teilchen, etwa Elektronen, Welleneigenschaften zugeordnet werden. De Broglie bestimmte die Wellenlänge beweglicher Teilchen mit der Gleichung $\lambda = \mathrm{h}/p$, wobei h das Planck'sche Wirkungsquantum und p der Impuls des Teilchens ist.

Planck'sches Wirkungsquantum Eine fundamentale Naturkonstante der Physik, die zur Beschreibung der Werte von quantisierten Größen verwendet wird und von grundlegender Bedeutung in der Quantenphysik ist. Der Wert des Planck'schen Wirkungsquantums h beträgt etwa $6{,}62607 \times 10^{-34}\ J\mathrm{s} = 4{,}13567 \times 10^{-15}\ \mathrm{eVs}$ und hat demnach die Dimension einer Wirkung, nämlich Energie mal Zeit.

Rayleigh'sches Kriterium der Auflösung Es dient der Bestimmung des Auflösungsvermögens eines optischen Instrumentes. Danach erscheinen zwei Objektpunkte getrennt (»aufgelöst«), wenn das Maximum des Beugungsmusters des einen Bildpunktes in das erste Intensitätsminimum des zweiten fällt.

Schrödinger-Gleichung Die fundamentale Wellengleichung der Quantenmechanik. Ihre Lösungen beschreiben das zeitliche Verhalten eines physikalischen Systems unter dem Einfluss von Kräften. Die Quantisierung der physikalischen Größen ist automatisch Bestandteil der Lösungen.

Schwarzschildradius Der nach Karl Schwarzschild benannte Radius, den eine Massekugel haben muss, damit die Fluchtgeschwindigkeit an ihrer Oberfläche der Lichtgeschwindigkeit entspricht. Die durch den Schwarzschildradius gegebene Kugeloberfläche wird als Ereignishorizont bezeichnet. Der Schwarzschildradius, der kritische Radius eines Schwarzen Loches, wird durch folgende Formel berechnet: $r_s = 2\,GM/c^2$, wobei G die Gravitationskonstante, M die Masse des Objekts und c die Lichtgeschwindigkeit ist.

Dank

Wir alle, die wir uns geistig entwickeln, um heutzutage auf unserem Planeten Erde zu leben, »stehen auf den Schultern von Riesen«. Und wir verdanken zahllosen Menschen so viel, dass wir es gar nicht schaffen, allen dafür zu danken.

Franklin Potter möchte seiner Frau Patricia und seinen beiden Söhnen David und Steven danken, für ihre Liebe und Anregungen während so vieler wunderbarer Jahre, die sie als Familie zusammen erleben durften. Unschätzbar sind für ihn auch die zahlreichen anregenden Diskussionen über physikalische Themen im Laufe der vergangenen Jahrzehnte mit so vielen Freunden und Kollegen, allen voran: Howard G. Preston, Gregory Endo, Fletcher Goldin, David M. Scott, John Priest, Lowell Wood, Julius S. Miller, Goerge E. Miller, Leigh H. Palmer, Charles W. Peck, Myron Bander, Joseph Weber, Richard Feynman, Willard Libby, Edward Teller und Kamal Das Gupta.

Christopher Jargodzki dankt Myron Bander von der University of California in Irvine, Stephen Reucroft von der Northeastern University in Boston und James H. Taylor von der Central Missouri State University in Warrensburg. Seine Begegnungen und Gespräche mit nahezu zwanzigtausend Studentinnen und Studenten (und ihre Zahl wächst weiter!) in seinen Seminaren an der UC Irvine, der Northeastern University und der CMSU waren und sind ein unerschöpflicher Quell von Anregungungen wie von gelegentlicher Verzweiflung.

Ja, das vorliegende Buch erlebte seine Geburtsstunde bereits 1975, als einer der Autoren (C. J.), damals noch frisch examinierter Student an der UC Irvine, den Plan zu einem Buch über Paradoxa in der modernen Physik entwickelte, teilweise auch um seine eigene Verzweiflung angesichts der in der modernen Physik so zahlreichen Rätsel zu überspielen. Leider musste das Projekt um mehrere Jahrzehnte zurückgestellt werden, bis der Autor reif dafür war und sich mit Franklin Potter zusammentat, um das Wesen der physikalischen Wirklichkeit gemeinsam mit ihm zu erforschen. Die Autoren hoffen, die physikalische Wirklichkeit ist von ihren Bemühungen gebührend beeindruckt.

Beide Autoren danken Kate C. Bradford, Cheflektorin beim Verlag John Wiley & Sons, Inc., die ihre paradoxen Abenteuer in der Welt der Physik nachhaltig unterstützt.

Ernst Doblhofer:
Die Entzifferung alter Schriften und Sprachen

352 Seiten,
104 Abbildungen, Broschur
ISBN 978-3-15-021702-3

Die Sieben Weltwunder.

Hrsg. von Peter A. Clayton und Martin J. Price

240 Seiten, 89 Abbildungen, Broschur
ISBN 978-3-15-021701-6

Reclam

Peter Niehenke:
Astrologie. Eine Einführung

278 Seiten, 28 Abbildungen,
Broschur
ISBN 978-3-15-021705-4